Les mammifères

Anatomie • Comportement • Habitat

Les mammifères

Anatomie • Comportement • Habitat

Sommaire

LES MAMMIFÈRES ORIGINAUX 54

LES PÉRISSODACTYLES 62

LES ONGULÉS 68

LES PROBOSCIDIENS 80

LES MAMMIFÈRES MARINS 86

ANNEXE 94

Introduction

La classe sans doute la plus connue du règne animal est celle des mammifères, ne serait-ce que parce qu'elle comprend l'homme lui-même. De nombreuses espèces de mammifères vivent dans notre environnement direct. Certains nous servent de bêtes de somme (le cheval), d'autres nous protègent (le chien), d'autres encore nous fournissent des aliments de haute valeur nutritive (le bœuf).

Tous les mammifères possèdent une circulation sanguine interne et performante avec un cœur muni de deux ventricules et de deux oreillettes. Pour respirer, ils utilisent leurs poumons et disposent d'un système nerveux extrêmement ramifié. Le crâne est séparé de la colonne vertébrale. Les mammifères ont toujours sept vertèbres cervicales dont la taille diffère selon les animaux et qui, chez quelques espèces, sont en partie soudées.

Les mammifères les plus évolués possèdent des organes sensoriels bien développés et un cerveau performant. Animaux à sang chaud, ils peuvent supporter des variations importantes de température. La plupart des mammifères ont le corps couvert de poils ou de soies, d'écailles ou de piquants.

Les mammifères se reproduisent grâce à la fécondation de la femelle par le mâle. Les femelles mettent au monde des petits qui se développent d'abord dans le ventre de la mère et qui sont ensuite nourris grâce au lait maternel, qu'ils tètent aux glandes mammaires ou aux trayons.

Pas de règle sans exception. La première est constituée par les marsupiaux, qui mettent leurs petits au monde avant maturité. Ces derniers se développent ensuite dans la poche de la mère.

Deuxième exception : les animaux cloacaux ou monotrèmes. Ces animaux pondent des œufs, mais après l'éclosion, les petits sont cependant allaités comme chez les autres mammifères.

L'évolution des mammifères a commencé durant le trias supérieur, il y a environ 220 millions d'années. Dans un premier temps, leur rôle était uniquement subalterne car à cette époque-là, les reptiles étaient l'ordre dominant et surtout les dinosaures.

Les monotrèmes déjà mentionnés, comme les ornithorynques ou les échidnés, en étaient des formes primitives, dérivées des reptiles. Ils se nourrissaient de petits animaux et aussi de plantes.

Avec l'extinction des dinosaures, il y a 65 millions d'années, la physionomie de la Terre se transforma. C'est le début du développement des nombreuses espèces de mammifères qui atteindra l'apogée de sa diversité il y a environ 15 millions d'années.

Lorsque ensuite les conditions climatiques se détériorèrent avec le recul de nombreuses forêts tropicales, de nombreuses espèces disparurent. Lors des glaciations intermédiaires du Pléistocène, il y a 2 millions d'années, de nouveaux mammifères, souvent de grande taille, comme les mammouths, les cerfs géants ou les rhinocéros laineux sont apparus. Ces derniers ont disparu à leur tour au cours des 12 000 dernières années.

Selon l'environnement, d'autres mammifères ont continué d'évoluer. Afin de se mouvoir rapidement dans la savane et la prairie, ils se sont dotés de longues pattes élancées et pour grimper aux arbres, ils ont développé de longs membres avec de longs doigts pour s'accrocher.

Afin de mettre à profit diverses sources de nourriture dans des environnements variés, un développement différencié de la dentition s'est avéré nécessaire. Au cours de sa vie, tout mammifère développe d'abord des dents de lait qui sont, par la suite, remplacées par une dentition permanente.

CHAPITRE 1

Les chiroptères

Les chiroptères sont les seuls mammifères à avoir transformé leurs membres antérieurs en de véritables ailes. Ils deviennent actifs à la nuit tombante.

Les chiroptères comprennent deux sous-ordres : celui des chauves-souris et celui des roussettes. Les chiroptères possèdent un corps trapu, un petit cou et une tête allongée. Alors que le tronc ne constitue qu'une petite partie de l'ensemble de l'animal, les pattes sont démesurément longues. Les doigts des pattes sont allongés. Une membrane s'étend entre chacun d'eux, empêchant ainsi l'animal de saisir ou de griffer ses proies avec les doigts. Seul le pouce, qui n'est pas attaché à la membrane, est doté d'une griffe qui permet à l'animal de grimper ou de s'accrocher.

Les membranes sont situées donc entre les quatre membres, le tronc et la queue. Lorsque l'animal vole, elles se déployent telles les baleines d'un parapluie, entre les os allongés des membres antérieurs dépliés et permettent le vol plané. C'est pourquoi ces animaux sont désignés sous le nom d'« animaux volants ». L'envergure des ailes est, selon les espèces, de 20 à 160 cm. À terre, les chiroptères ne se déplacent que très difficilement. Ils seraient environ 200 espèces.

La plupart du temps, les chiroptères au repos s'accrochent, à l'aide des griffes de leurs pattes arrière, aux rebords des murs ou aux poutres. La totalité du corps, tête comprise, est ainsi suspendue vers le bas. Les organes de vol sont étroitement repliés sur le corps. Pour s'envoler, ils se laissent simplement tomber et commencent immédiatement à voltiger. Leur membrane caudale leur sert de gouvernail.

La chauve-souris

La chauve-souris est un petit mammifère volant. Elle doit son aptitude au vol à une membrane souple qui s'étend tout autour de son corps.

Sa grande membrane brachiale a poussé sur le côté du corps. Elle relie la cuisse et la jambe, le bras et l'avant-bras ainsi que les os très allongés de la main et des doigts. La membrane caudale, plus petite, est maintenue par les pattes arrière et la queue.

Cet animal a un pelage gris souris et a, sur son crâne, de remarquables pavillons d'oreille avec d'étranges « pavillons secondaires formant un couvercle ».

Les chauves-souris ont de mauvais yeux, mais, en compensation, ont une excellente ouïe. Elles poussent, jusqu'à 170 fois de suite par seconde, des cris très aigus que nous ne pouvons pas distinguer (ultrasons).

Ces ondes sonores se heurtent donc aux proies ou aux obstacles et sont renvoyés par écho. Les chauves-souris les détectent avec leur ouïe. Grâce à cette espèce de « sonar », il leur est possible de voler dans les grottes ou dans les forêts sans heurter d'obstacles même dans la nuit la plus noire.

De la même façon, elles détectent les insectes dont elles se nourrissent. Elles maintiennent leur proie avec leurs pattes, munies de fortes griffes, qui ne sont pas intégrées dans la membrane. Leurs pieds ne leur permettent pourtant pas de se mouvoir à terre avec aisance.

Les chauve-souris montent et descendent avec agilité sur les arbres et les murs. Quand elles se reposent, elle se suspendent, la tête en bas. Pour voler, il leur suffit de se laisser tomber et de déployer immédiatement leurs ailes. Sous les latitudes tempérées d'Europe occidentale, la chauve-souris com-mence d'hiberner au mois d'octobre. Elle cherche alors refuge dans des caves ou des galeries souterraines où elle hiverne jusqu'au début du mois de mars.

Quelques espèces sont en mesure de parcourir plusieurs centaines de kilomètres pour retrouver leurs quartiers d'hiver, d'autres restent toujours dans les environs.

Les chauve-souris se rassemblent très souvent pour former des rassemblements importants et passer l'hiver. Elles abaissent alors leur température corporelle et réduisent leur métabolisme au minimum, ce qui leur permet de survivre tout l'hiver en se servant des réserves de graisse qu'elles ont accumulées

La chauve-souris

Aire géographique :
Dans le monde entier, à l'exception des régions polaires

Espaces de vie :
Zones tropicale, subtropicale et tempérée

Un mammifère sur quatre est une chauve-souris. Ce sont d'ailleurs les seuls mammifères qui peuvent véritablement voler. Cela dit, nous ne savons pas grand-chose sur cet ordre animal. Les grands rhinolophes sont une famille de chauve-souris comprenant 70 espèces. Pour s'orienter, ils émettent des ultrasons par leur nez.

Chauve-souris

pendant les beaux jours.

Chaque dérangement pendant l'hibernation, par exemple lorsque les humains pénètrent volontairement ou non dans les grottes pour les observer, cause une dépense d'énergie supplémentaire pour réchauffer le corps et relancer son métabolisme. Ceci a pour effet d'épuiser prématurément les réserves corporelles de l'animal et de provoquer sa mort de faim avant que le printemps et les premiers insectes apparaissent.

Une des espèces les plus communes est **l'oreillard**. On la rencontre dans toute l'Europe à l'exception des pays nordiques situés au nord du 60e parallèle. Elle vit à proximité des logements. On la retrouve dans les jardins et les

Chauve-souris (squelette)

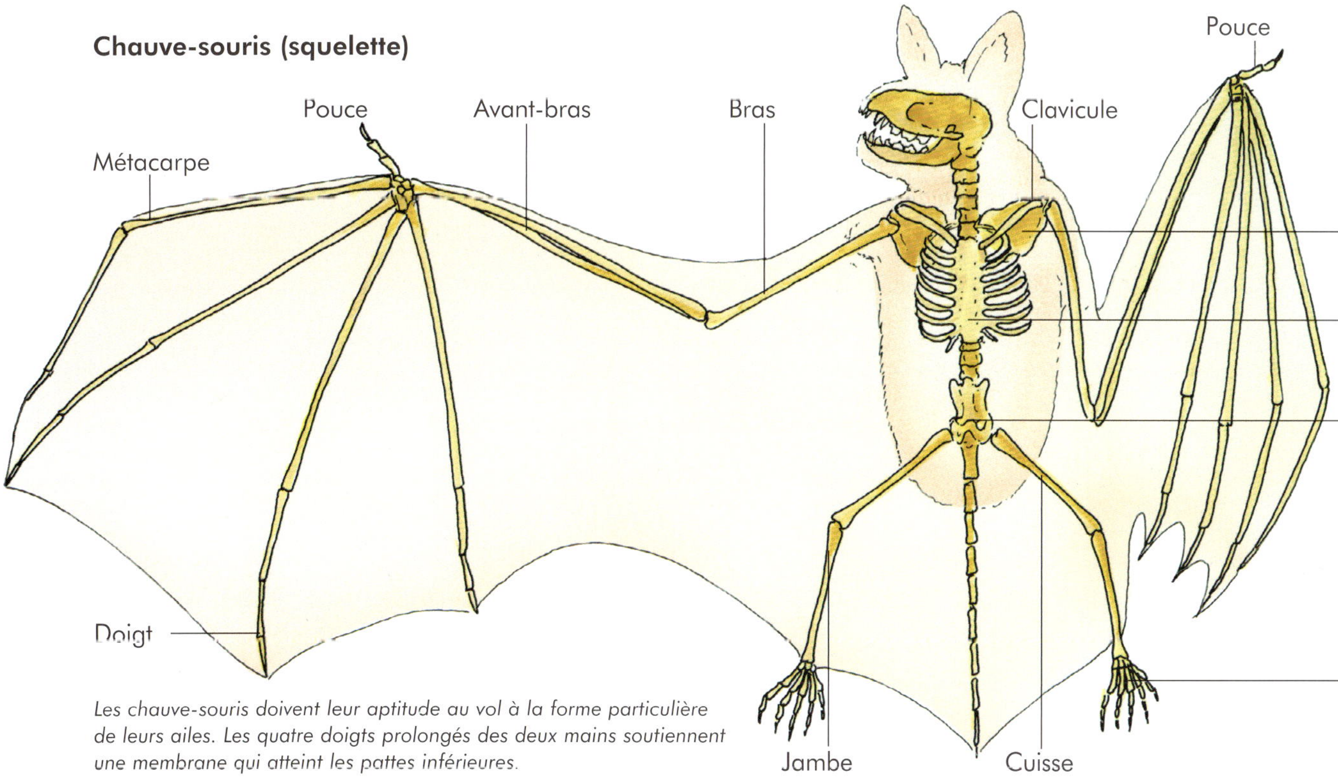

Les chauve-souris doivent leur aptitude au vol à la forme particulière de leurs ailes. Les quatre doigts prolongés des deux mains soutiennent une membrane qui atteint les pattes inférieures.

arbres creux ou bien encore sous les toits.

L'oreillard n'atteint que 8,4 cm de longueur environ, dont 4 cm pour la queue. Son envergure est de 24 cm. Son oreille surdimensionnée mesure 3,3 cm de longueur. Le visage porte de longs poils avec sur les lèvres des poils de barbe blanchâtres. Sa longue fourrure est essentiellement de couleur gris brun, elle est un peu plus sombre chez les petits.

Durant le vol, l'oreille géante, qui a de nombreux plis, est tendue vers l'extérieur en forme d'arc, si bien que sa pointe se trouve dressée vers l'avant. Durant le sommeil, quand la chauve-souris est suspendue, les oreilles sont cachées sous les bras.

Avec 13 cm de longueur (dont 5 cm pour la seule queue), l'espèce dite **murin** est la plus grande chauve-souris d'Europe centrale. Sa membrane se déploie sur une envergure de 37 cm. Sur le dos, elle est d'un brun rougeâtre, sur le ventre, elle est claire. On trouve essentiellement cette espèce dans des endroits tranquilles comme les églises et les châteaux. En hiver, le murin cherche, en compagnie de nombreux congénères, une place dans une grotte ou sous une voûte.

Le **vespertilion**, qui existe dans toute l'Europe, mesure 11 cm de longueur, dont 4 cm pour la queue. L'envergure de sa membrane est de 37 cm. Il vit dans des trous de piverts et des fentes dans les arbres. On reconnaît l'entrée de son abri au fait qu'elle est grasse et qu'elle sent mauvais. Le vespertilion est la chauve-souris qui vole le plus haut. Il quitte sa cachette dès avant le coucher du soleil pour chasser.

Vampire
Aire géographique :
Amérique centrale et latine
Espace vital : **Forêt**

Les **vampires** sont des chauves-souris redoutées. Ils vivent en Amérique Centrale et en Amérique du Sud. Ces animaux, qui mesurent environ 8 cm, ont de grandes oreilles étranges et n'ont pas de queue. Ils se nourrissent exclusivement du sang de leurs victimes qu'ils sucent après avoir percé la peau avec leurs puissantes incisives.

La chauve-souris en chasse

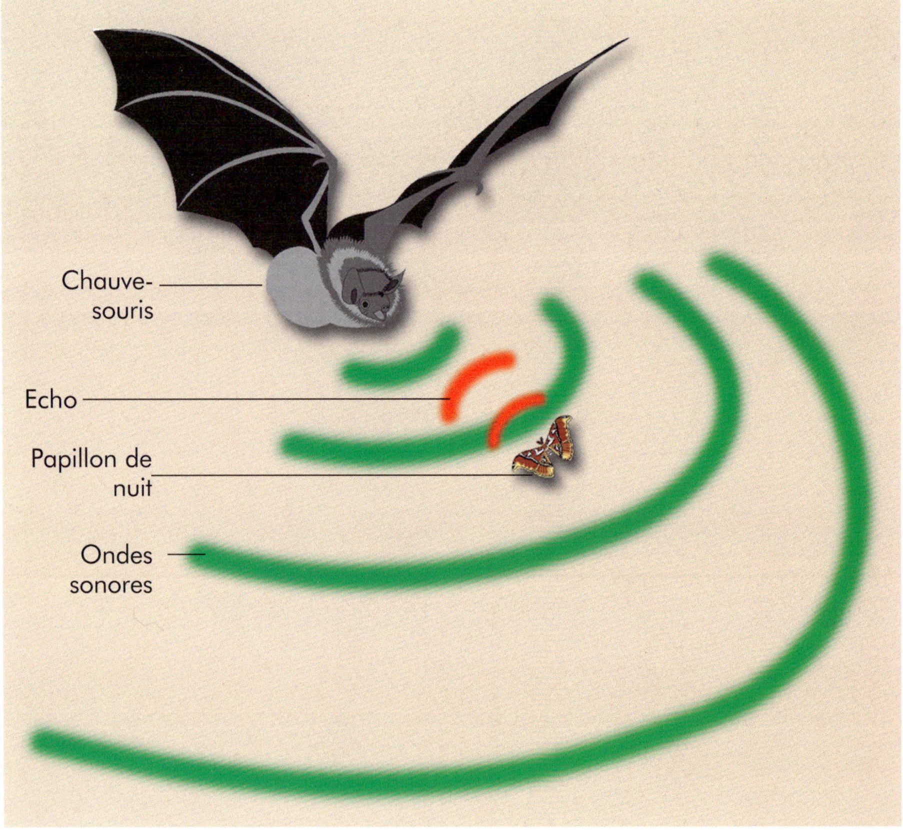

Les chauves-souris sont des prédateurs chasseurs nocturnes, capable de repérer leur proie avec une grande précision, et cela même dans l'obscurité. Pendant leur vol, elles émettent des sonorités extrêmement aiguës, dans la gamme des ultrasons, que nous ne pouvons entendre. Lorsque ces ondes sonores rencontrent un obstacle, elles sont réfléchies comme un écho que captent les grandes oreilles de la chauve-souris. La durée écoulée entre l'émission de l'onde et la réception de son écho dépend de la distance qui sépare ce prédateur de sa proie. Ceci permet à la chauve-souris de s'orienter et de repérer sa proie avec précision.

La roussette

Roussette

Aires géographiques : **Afrique, Australie et Asie du Sud**
Espaces vitaux : **Forêt et savane**

La roussette ou rougette, de la famille des chiroptères est présente, avec environ 200 espèces, en Australie, en Afrique et en Asie méridionale. Elle ressemble certes aux chauves-souris, mais sa tête rappelle plutôt celle d'un chien – ou bien encore d'un renard.

En moyenne, ces animaux sont nettement plus grands que les chauves-souris, mais il existe cependant quelques espèces plus petites. L'envergure de leur membrane varie donc, selon l'espèce, entre 24 cm et 180 cm.

Dans la journée, on trouve les roussettes dans les arbres des forêts denses, plus rarement dans des grottes. Le plus souvent elles se suspendent aux branches en vastes groupes et dorment en enveloppant leur tête et leur corps dans leurs ailes.

Comme tous les chiroptères (animaux volants), les roussettes sont actives la nuit et partent en groupe à la recherche de fruits. Dotées d'un excellent odorat, elles détectent les fruits mûrs. Quelquefois, elles envahissent des plantations de bananiers ou de manguiers et s'y livrent à de véritables festins.

Les espèces plus petites se nourrissent du nectar des fleurs et du pollen, voire même des pétales des fleurs. D'autres espèces, que l'on appelle **roussettes à langue longue**, ont une langue particulièrement longue avec laquelle elles peuvent plonger dans le calice des fleurs.

Une fois par an, les femelles mettent au monde un à deux petits. Ces derniers s'accrochent fermement à la poitrine de la mère et l'accompagnent ainsi longtemps dans tous ses déplacements.

La plus grande espèce est le **kalong** ou **renard volant**. Il atteint jusqu'à 1,50 m de longueur et vit à Java et à Sumatra. Si son dos et sa membrane sont d'une couleur brun noir, son ventre est un peu plus roux, de même que son cou et sa tête. Le renard volant apprécie les figues et les mangues et cause des dommages aux plantations de fruits lorsqu'il s'y précipite en groupe, par centaines, voire par milliers.

CHAPITRE 2

Les primates

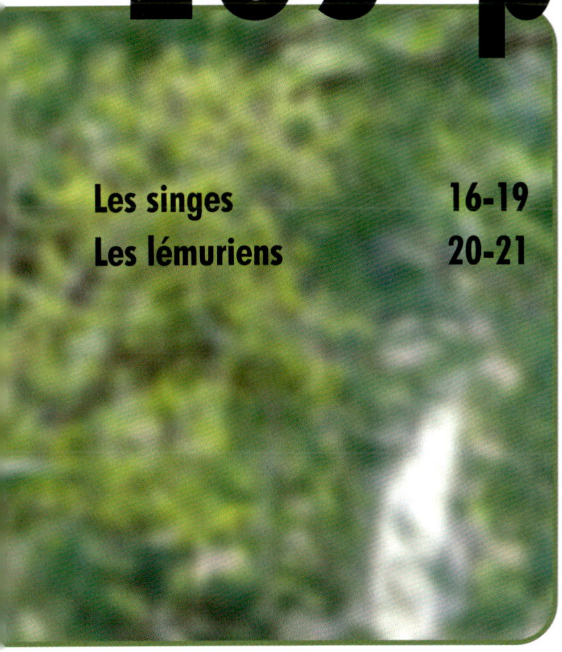

Font partie de cet ordre des mammifères dominants, appelés primates, les singes, les lémuriens et l'homme. Cet ordre comprend environ 400 espèces qui diffèrent beaucoup les unes des autres.

Les singes

Les singes sont des animaux très sociables. La plupart d'entre eux vivent en grandes communautés. Le mâle le plus âgé ou le plus fort y prend en charge la direction et la protection du groupe.

Les singes sont répartis en deux grands sous-ordres : les **singes de l'Ancien Monde** ou **singes à nez étroit** et les **singes du Nouveau Monde** ou **singes à nez large**. Parmi les singes de l'Ancien Monde, on trouve entre autres les gibbons, les anthropoïdes et les cercopithèques. Ils n'existent que dans la partie orientale de la Terre. En raison de leurs narines rapprochées l'une de l'autre, on les appelle aussi **singes à nez étroit**.

Les singes du Nouveau Monde sont, entre autres, les singes hurleurs, les capucins et les singes à colliers. Ils vivent dans les forêts vierges tropicales de l'Amérique centrale et latine. En raison de leurs narines largement écartées l'une de l'autre, on les appellent également **singes à nez large**.

Les lémuriens

Tout comme les singes, les lémuriens ont, eux aussi, des mains et des pieds préhensiles très habiles. Par leur aspect, ils ne leur ressemblent cependant pas beaucoup car leurs têtes sont, pour la plupart, allongées et similaires à celles des renards. Ils habitent eux aussi essentiellement les arbres d'Afriquc ct d'Asie.

Les singes

Le Capucin
Aire géographique : **Amérique centrale et latine**
Espace de vie : **Forêt**

En des temps plus anciens, on trouvait les singes dans une partie beaucoup plus vaste de la Terre. Actuellement, leur territoire se limite aux régions chaudes, car les singes, à l'exception de quelques espèces de babouins sont très sensibles au froid. Chaque continent abrite ses propres espèces. Il n'en existe plus qu'une seule en Europe.

Les singes vivent essentiellement dans les forêts et sont bien adaptés à une vie de grimpeurs.

Les singes anthropoïdes et les babouins ne sont pas si dynamiques. On voit sauter les autres espèces d'un arbre à l'autre avec agilité. La queue et les pattes postérieures assument alors la fonction de gouvernail. Avec la queue comme cinquième main préhensile, de nombreuses espèces peuvent s'accrocher et se balancer sur une branche ou saisir leur nourriture avec assurance.

Ils se nourrissent de feuilles et de fruits des arbres, mais aussi de racines et de pommes de pins. Quelquefois, ils mangent aussi des œufs et des oisillons.

Bien que les singes soient des grimpeurs adroits, leur démarche sur le sol paraît souvent plutôt pataude et gauche. Quand, par exemple, les gibbons marchent debout, ils essaient de garder leurs bras tendus pour maintenir leur équilibre. D'autres espèces s'appuient sur les mains de leurs membres supérieurs pour avancer ensuite leur corps et leurs pattes arrière.

Les singes sont des animaux très sociables. La plupart d'entre eux vivent dans de grandes communautés. Le mâle le plus âgé ou le plus fort y prend en charge la direction et la protection du groupe.

Les guenons mettent au monde à chaque fois un petit qui, après la naissance, s'accroche à sa mère qui le porte constamment.

Les singes ont un grand cerveau et sont très curieux d'apprendre. Bien sûr, ils ne savent pas parler, mais avec leurs mimiques expressives et les sons variés qu'ils émettent, ils peuvent parfaitement communiquer entre eux.

Le chimpanzé

L'anthropoïde le plus apprécié est bien le chimpanzé. Ces animaux intelligents vivent en Afrique Centrale et en Afrique Occidentale dans les forêts tropicales et dans les savanes plantées d'arbres.

Ils atteignent une taille pouvant aller jusqu'à 1,75 m et ont un corps puissant et trapu. Les mâles sont, le plus souvent, un peu plus grands que les femelles. Leurs bras minces sont un peu plus longs que leurs jambes, le pouce des mains est opposable aux autres doigts.

La fourrure des chimpanzés est brun très foncé, presque noire, la face a une couleur plus claire avec des lèvres très mobiles.

Les chimpanzés, qui vivent en hordes, communiquent entre eux par des mimiques et des sons variés.

Bons grimpeurs, les chimpanzés se nourrissent souvent dans les arbres de fruits, de feuilles mais aussi de noix et d'œufs. Ils mangent également écorces d'arbre et insectes. À cette fin, ils se révèlent très malins.

Les fourmis ou termites sont extraits de

Le gorille des plaines
Aire géographique : **Afrique**
Espace de vie : **Forêt tropicale humide**

Le mandrill
Aires géographiques : **Gabon et Cameroun**
Espace de vie : **En groupe dans la forêt**

Les cercopithèques
Aire géographique : **Afrique**
Espaces de vie : **Steppe et savane**

La muriqui
Aire géographique : **Amérique latine**
Espace de vie : **Forêt tropicale**

Jeune chimpanzé
Aire géographique : **Afrique**
Espaces de vie : **Savane forestière, forêt tropicale humide**

Le macaque rhésus
Aire géographique : **Inde**
Espaces de vie : **Savane forestière, forêt tropicale humide**

leurs logements avec de petits bâtons. Ils frappent les noix de coco avec des pierres pour les ouvrir. Ils prennent des touffes d'herbes pour nettoyer leurs doigts souvent poisseux et leur pelage.

La plupart du temps, les chimpanzés courent sur le sol. Ils s'y déplacent à quatre pattes. En revanche, si par exemple ils tiennent de la nourriture dans leurs mains, ils marchent debout.

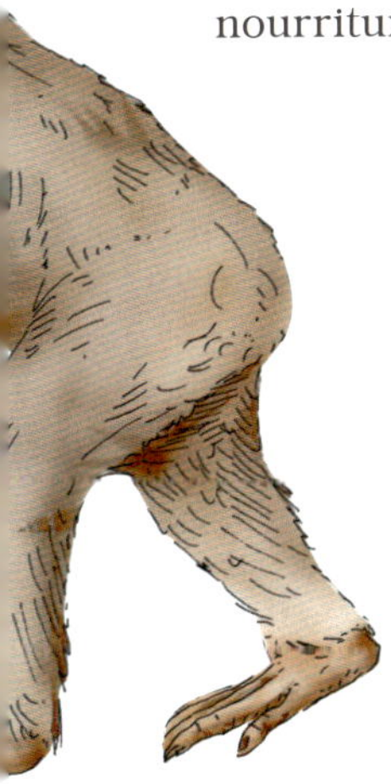

La recherche de nourriture a lieu principalement de jour. Ils tuent alors de petites antilopes, des pécaris et de petits singes. Pour la chasse, plusieurs chimpanzés se regroupent et attrapent l'animal par ruse.

La plupart du temps, les chimpanzés vivent en groupes peu structurés pouvant comprendre jusqu'à cent individus. La hiérarchie n'est pas aussi stricte que, par exemple, chez les gibbons.

À l'intérieur de la communauté, la hiérarchie repose sur la force et l'intelligence. Il existe aussi des groupes de mâles isolés qui se livrent sans cesse à des luttes de pouvoir. Ces dernières, bruyantes, se jouent à coups de gesticulations et de cris sonores. Ils en

Chimpanzé (squelette)

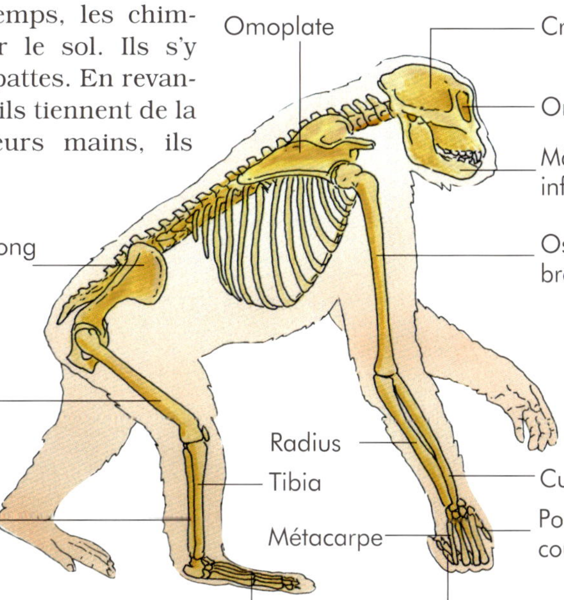

viennent plus rarement aux mains entre eux.

Si plusieurs bandes de singes se rencontrent, il en résulte des cris sonores et de grandes embrassades entre les groupes.

Cependant, il arrive, de la même manière, qu'ils s'assoient tous ensemble pour faire leur toilette en commun. Ils s'épouillent alors les uns les autres et manifestent ainsi leur cohésion sociale.

Le respect à l'égard des femelles augmente avec l'âge et le nombre d'enfants. Elles restent souvent en compagnie d'autres femelles et de leurs petits. Ces dernières grimpent, chassent et jouent beaucoup et apprennent en même temps tout ce qui mérite d'être appris dans la vie des chimpanzés. Les chimpanzés passent la nuit dans les arbres. Ils s'y construisent un nid avec des branches tressées. Les jeunes âgés de moins de trois ans dorment auprès des femelles.

Les femelles, qui sont en rut à intervalles fixes, s'accouplent avec tous les mâles de la bande. Après une période de gestation d'environ 230 jours, c'est souvent un petit qui naît, rarement deux. Par la suite, ce dernier reste auprès de sa mère.

Chimpanzé (anatomie)

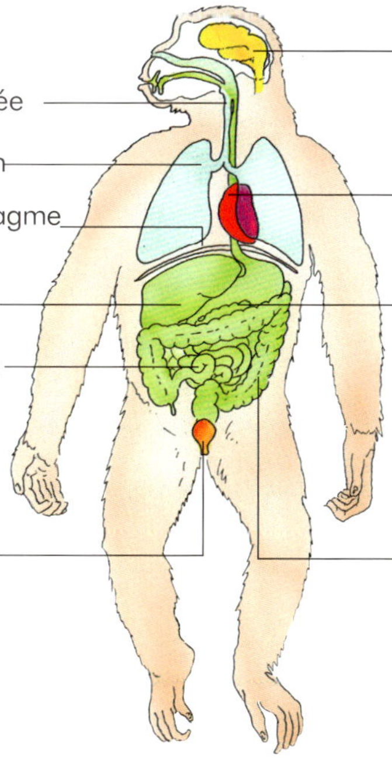

Le gorille

Le gorille est le plus grand des anthropoïdes. Les mâles atteignent une taille de plus de 2 m et pèsent jusqu'à 250 kg, les femelles sont nettement plus petites et pèsent jusqu'à 100 kg.

Les gorilles des plaines vivent dans les forêts tropicales d'Afrique, les gorilles des montagnes dans les fmontagnes forestières du Congo, de l'Ouganda et du Rwanda.

Autrefois, les gorilles ont été présentés dans de nombreux films et de nombreuses histoires comme des monstres géants. Avec leur corps massif recouvert de poils noirs hérissés, et leurs larges épaules, ils paraissent très menaçants et dangereux. Pourtant, ils font partie des singes les plus doux et les plus pacifiques.

Le gorille
Aire géographique : **Afrique**
Espace de vie : **Forêt tropicale humide**

Les gorilles vivent dans des groupes familiaux composés de cinq à huit femelles et de leurs petits. Un « Dos argenté » les dirige. Il s'agit d'un gorille mâle au dos argenté (à partir de dix ans). Lorsqu'un chef meurt, les plus jeunes se disputent sa succession.

Les gorilles parcourent ensemble leur territoire à la recherche de nourriture. Ils se déplacent alors penchés vers l'avant, si bien que leurs poignets touchent le sol. Leur nourriture se compose de divers végétaux tels que fougères, bourgeons et feuilles.

Les femelles et les jeunes grimpent eux aussi dans les arbres pour cueillir des fruits, ce que les mâles ne peuvent faire à cause de leur poids. La recherche de nourriture a lieu principalement le matin et l'après-midi.

Dans l'intervalle, les animaux dorment dans un nid diurne construit à la va-vite, ensuite, la recherche continue. Ils n'ont pas besoin de boire d'eau en plus car les plantes et les baies en contiennent de grandes quantités.

La nuit, les animaux se reposent dans des nids construits avec des branches et des feuilles. Durant les premières années, les petits dorment auprès de leurs mères.

La période d'accouplement ne dépend pas de la saison. Après une durée de gestation d'environ neuf mois, un petit est mis au monde, qui, durant les premiers mois, est transporté, accroché au pelage de la mère. Ce n'est qu'au bout de trois mois qu'il peut s'asseoir seul. Deux mois plus tard, il sait courir et grimper. En général, il est allaité durant presque un an et demi et reste encore auprès de sa mère jusqu'à l'âge de trois ans.

Quand des groupes voisins se rencontrent sur un même territoire, cela déclenche parfois des conflits entre eux.

Les rivaux sont repoussés par une attitude menaçante des mâles qui se dressent et se tapent sur la poitrine. Ils poussent alors des cris et des hurlements menaçants et arrachent, pour montrer leur force, des touffes d'herbe et les jettent sur leurs ennemis. Le plus souvent, ces combats ne prennent pas des proportions très violentes.

Les gorilles peuvent atteindre l'âge de 50 ans. En Europe, on les trouve dans presque tous les zoos où ils se reproduisent aussi.

L'orang-outang

L'orang-outang (terme qui signifie « Homme des bois ») est originaire des forêts tropicales de Sumatra et de Bornéo (Indonésie principalement). C'est la deuxième plus grande espèce des primates. Au contraire du gorille, qui vit sur le sol, l'orang-outang passe presque toujours son temps dans les cimes des arbres.

L'orang-outang mâle mesure environ 1,75 m et pèse 75 kg. Son corps ressemble à celui de l'homme car son tronc n'est pas replié latéralement comme chez d'autres mammifères, mais est doté de grandes et larges épaules.

C'est chez les jeunes que l'apparence générale est la plus proche de celle de l'homme. Plus tard, le front devient fuyant et la gueule se forme en museau. De gros bourrelets naissent au-dessus des yeux. Chez le mâle apparaissent de chaque côté de la face de larges plis cutanés, sortes de bajoues. Sa mâchoire est constituée comme celle de l'homme, mais elle est beaucoup plus puissante.

Son pelage est de couleur roux brun et formé de longs poils embroussaillés. Sa face reste glabre, à l'exception d'une barbe chez le mâle.

L'orang-outang descend rarement au sol car c'est dans les arbres qu'il trouve sa nourriture telles que des feuilles, des fruits et des pousses. Il boit l'eau dans les creux des branches et des arbres constamment remplis par les pluies presque quotidiennes.

Ses pieds et ses mains sont d'excellents outils de préhension des objets. Les orteils et les doigts sont

Jeune orang-outang
Aires géographiques : **Bornéo et Sumatra**
Espace de vie : **Forêt tropicale humide**

longs et bougent librement. Le gros orteil peut, tout comme le pouce, être opposé aux autres doigts. Cependant, pour grimper, l'orang-outang utilise surtout ses bras avec lesquels il peut se déplacer de branche en branche, avec une envergure de plus de 2 m.

À terre, cet animal est beaucoup plus maladroit car ses jambes sont faiblement développées. Avec ses pieds préhensiles, un peu tournés vers l'intérieur, il a une démarche mal assurée. Il utilise ses bras comme des soutiens. C'est surtout lorsqu'il doit avancer rapidement que l'orang-outang se déplace en s'appuyant sur ses bras écartés et en balançant son corps entre eux, les jambes étant repliées.

Les orangs-outangs vivent seuls ou en couple avec leurs petits. La nuit, ils s'étendent sur les fourches des branches d'arbre. Quelquefois, ils se couvrent même de débris végétaux. Ils recherchent probablement chaque nuit une nouvelle place. Ils délimitent leur territoire par des hurlements sonores.

Les femelles, qui sont beaucoup plus petites que les mâles, mettent au monde environ tous les deux ans, après une gestation de presque neuf mois, un petit qu'elles soignent et élèvent durant plusieurs années. On a observé en captivité qu'une femelle allaitant son petit pouvait le faire pendant une période pouvant durer jusqu'à six ans.

L'orang-outang fait partie des espèces menacées par la destruction de son habitat. En raison de la faiblesse de son taux de reproduction et des chasses meurtrières effectuées par l'homme, ses effectifs ont considérablement diminué.

Le babouin

Le babouin fait partie du groupe des cercopithèques. Il en existe cinq sous-espèces qui vivent dans les savanes et les steppes d'Afrique et en Arabie saoudite.

Le babouin à manteau mesure jusqu'à 95 cm. Sa fourrure est d'une couleur brunâtre. Les mâles ont une épaisse toison sur la poitrine, les épaules et les côtés de la tête. Les durillons du fessier sont particulièrement visibles.

Chez les babouins, on remarque surtout leur long museau et leurs canines relativement longues.

Les babouins, qui vivent sur le sol principalement, sont des animaux sociables ; ils forment des groupes familiaux ayant pour chef un mâle âgé, avec plusieurs femelles et leurs petits. Ils utilisent de nombreuses mimiques et des sons variés pour communiquer entre eux.

De nuit, is se reposent dans les trous des rochers ou dans les arbres. Ils se protègent ainsi de leur ennemi le plus dangereux, le léopard.

Après la période d'accouplement, entre mai et juillet, les babouins femelles mettent au monde, environ 170 jours après, un petit, quelquefois deux. Dans un premier temps, le petit se réfugie durant plusieurs semaines dans la fourrure de la femelle et, par la suite, il s'accroche à son dos.

Babouin
Aires géographiques : **Arabie Saoudite et Afrique**
Espaces de vie : **Savane et steppe**

Les lémuriens

Les lémuriens ne présentent que de rares similitudes avec les singes. Eux aussi sont d'excellents grimpeurs. Leur queue est parfois plus longue que leur corps, mais chez certaines espèces, elle est complètement atrophiée.

Les lémuriens mesurent de quelques centimètres à presque un mètre de haut. Font, entre autres, partie des lémuriens, le aye-aye, le loris et les lémurs (maki et indri).

Indris et aye-ayes

La famille des indris, qui appartient à celle des lémuriens, se compose de trois espèces, à savoir le sifaka, l'avahi, et l'indri. Elles vivent toutes dans les forêts de Madagascar et sont des animaux magnifiques.

L'indri
Aire géographique : **Nord-ouest de Madagascar**
Espace de vie : **Forêt d'altitude (à partir de 1 800 m)**

Le sifaka
Aire géographique : **Madagascar**
Espace de vie : **Forêt tropicale sèche et humide**

L'indri est, avec son corps long de 70 cm, le plus grand de tous. Il n'a qu'une queue très courte, ce qui le distingue des autres. Tout comme le propithèque, l'indri a une voix sonore qui fait entendre des hurlements et des plaintes.

L'indri vit aussi bien à terre que dans les arbres. Dans la journée, il se déplace pour manger des feuilles, des fruits et des pousses.

Après un accouplement qui a lieu au début de l'année, un petit naît au bout d'une gestation d'environ cinq semaines.

L'aye-aye est un étrange animal nocturne. Comme son nom l'indique dans certaines langues malgaches, il a de très longs doigts. C'est surtout son majeur très rallongé qui lui sert à saisir sa nourriture. Il frappe d'abord un tronc d'arbre pour détecter les insectes qui se sont cachés dans l'écorce. L'animal les extrait ensuite avec son long doigt muni de griffes pointues. Outre cela, il se nourrit cependant aussi de fruits.

Loris et galagos

La famille des loris, qui fait partie des lémuriens, se compose de dix espèces. Ces dernières vivent en Inde du Sud, en Afrique, en Asie du Sud-Est et dans les îles voisines. On distingue deux groupes. Le premier groupe, les loris et makis-ours, se compose d'animaux très lents de la taille d'un cobaye ou d'un chat et qui n'ont qu'une petite queue courte.

Le deuxième groupe se compose de diverses espèces de galagos. Ils possèdent de longs membres et une queue allongée.

Les deux groupes de loris, en revanche, sont un peu plus petits, mais beaucoup plus vifs, et aiment sauter et grimper.

Elles ont de grands yeux orientés vers l'avant. Les loris et les makis-ours sont surtout actifs la nuit et se nourrissent d'insectes, d'oiseaux, de plantes, mais également de petits reptiles.

Loris paresseux
Aire géographique : **Asie du Sud et du Sud-Est**
Espace de vie : **Forêts tropicales humides épaisses**

Le lémur couronné
Aire géographique : **Madagascar**
Espace de vie : **Zone boisée**

Les lémurs

Presque cent espèces de lémurs ou makis vivent à Madagascar et dans l'archipel des Comores voisin. Ils appartiennent à l'ordre des lémuriens. Dans ces régions, il n'y a pas de singes.

Le lémur le plus connu, visible également dans les zoos, se nomme katta. Il a un pelage brun gris et une longue queue touffue à anneaux noirs et blancs. Son corps mesure environ 45 cm, sa queue 55 cm.

Le katta a de grands yeux et des pavillons auriculaires de forme triangulaire. Le plus souvent, il court à quatre pattes et la queue relevée. Parfois, on le voit aussi grimper dans les arbres, plutôt rares dans ces régions rocheuses.

Aussi bien les mâles que les femelles présentent, en divers endroits du corps, de nombreuses glandes avec lesquelles ils marquent leur territoire. Ils marquent également de cette manière tout ce qui leur est inconnu.

Jusqu'à quarante kattas peuvent vivre ensemble sur un même territoire bien délimité. Les femelles et les petits demeurent toujours ensemble, tandis que les mâles errent de tribu en tribu.

Après un accouplement, il s'écoule environ 130 jours avant que naisse un petit (on assiste quelquefois à des portées de deux ou trois). À la naissance, les petits ont d'ores et déjà les yeux ouverts et sont recouverts d'un épais pelage soyeux. Ils sont autonomes au bout de six mois.

La nourriture des kattas se compose d'herbes et de feuilles. Mais ils apprécient également aussi bien l'écorce des troncs d'arbre que leurs fruits.

CHAPITRE 3

Les prédateurs terrestres

Avec environ 270 espèces, l'ordre des prédateurs (terrestres et aquatiques) comprend des espèces plus diverses qu'aucun autre ordre des mammifères. Les premiers prédateurs existaient déjà il y a 65 millions d'années. Presque tous les prédateurs terrestres chassent d'autres animaux pour s'en nourrir. C'est pourquoi on les considère souvent comme des animaux dangereux. Longtemps persécutés, l'ours, le lynx et le loup ont déjà été largement éliminés en Europe.

En dépit des fortes différences que l'on décèle au premier regard, les prédateurs terrestres présentent pourtant de nombreux points communs. Leurs organes sensoriels sont bien développés, en particulier leur odorat et leur ouïe. Ils disposent également le plus souvent d'une vue stéréoscopique.

Ils possèdent tous une dentition comprenant des canines semblables à des poignards et, fréquemment, des crocs. Ces derniers servent à dépecer ou à tuer les plus grands animaux. Certes, la majorité des prédateurs est carnivore, mais il existe aussi des espèces omnivores (ours, renard). Quelques rares espèces ne se nourrissent que de plantes et de fruits (panda).

Les prédateurs sont particulièrement rapides et souples. Ils disposent de pattes, en général de taille moyenne, et leurs extrémités se terminent toujours par quatre à cinq orteils munis de fortes griffes.

Le nombre des petits, qui naissent aveugles, est variable. Le plus souvent, il y en a plus d'un.

Dans l'ordre des prédateurs terrestres, on trouve les familles des félins avec le lion, le tigre, la panthère, etc. ; la famille des hyènes, celle des chiens avec le loup, le coyote, le renard, etc. ; la famille des martres avec la belette, la martre et le putois, et la famille des ours et celle des procyonidés avec le raton laveur, le coati et l'ours brun.

La famille des félins

La famille des félins fait partie de l'ordre des prédateurs. Elle comprend notre chat domestique ainsi que le lion, le tigre ou le puma. Les félins ont tous la même forme. Ils sont essentiellement caractérisés par un corps puissant mais gracile, une tête arrondie, des pattes assez hautes munies de fortes griffes, une longue queue et un pelage doux.

Leur dentition est puissante. À remarquer, leurs grandes canines, ou crocs, légèrement inclinées. À côté, on trouve de petites canines et des molaires pointues qui s'imbriquent bien les unes dans les autres.

Pour l'attaque et la défense, les griffes sont une arme particulièrement efficace.

Le félin est un digitigrade, c'est-à-dire qu'il ne marche que sur ses orteils. Ces derniers reposent sur des coussinets doux et veloutés. Quand l'animal marche, ses griffes ne touchent pas le sol, mais se rétractent dans des poches ou plis cutanés. Cela permet au félin de réussir à s'approcher sans bruit de sa proie. La plupart des espèces de félins savent nager, mais ne le font toutefois qu'en cas d'urgence.

Les félins ont une bonne ouïe et une vue remarquable. Même à des distances importantes, ils perçoivent les pas et les bruissements de leur proie bien avant de l'apercevoir. Pour les grandes distances, les yeux ne suffisent certes pas, mais ils sont efficaces quand la proie se trouve à proximité. De jour, la pupille se rétracte pour former une étroite fente verticale. Dans le noir, quand celle de l'homme ne voit plus rien depuis longtemps, la pupille des félins s'arrondit. Elle peut donc discerner une grande partie de la faible lumière du crépuscule. L'action de la lumière est renforcée par une couche réfléchissante située derrière la rétine. Dans le noir, elle rend leurs yeux comme phorphorescents.

Dans l'obscurité totale, les félins s'orientent grâce à leurs moustaches munies de poils tactiles.

Selon les espèces, les félins se nourrissent d'oiseaux, d'amphibiens et de poissons. Les espèces de grande taille telles les guépards, les lions, etc. préfèrent les moutons, bœufs et antilopes.

En règle générale, les femelles mettent bas jusqu'à six petits. La mère s'occupe exclusivement de ses rejetons. Elle les protège également contre les ennemis. Leur père ne s'en occupe qu'à l'occasion.

Les petits apprennent en jouant, tous les comportements nécessaires à leur survie dans diverses situations jusqu'à ce qu'ils soient en mesure d'aller partir à la chasse seuls.

Chat domestique, femelle (anatomie)

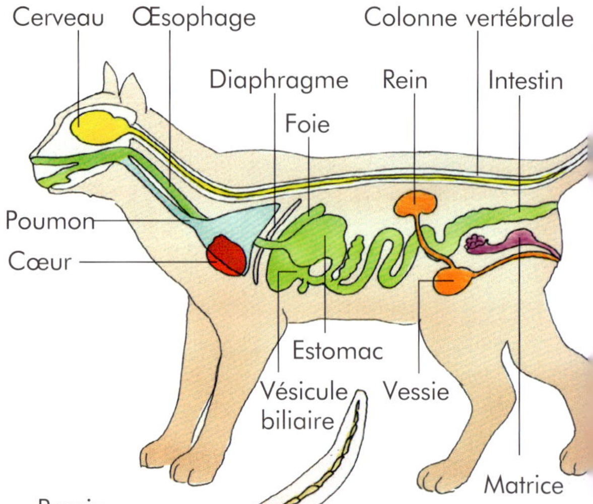

Chat domestique (squelette)

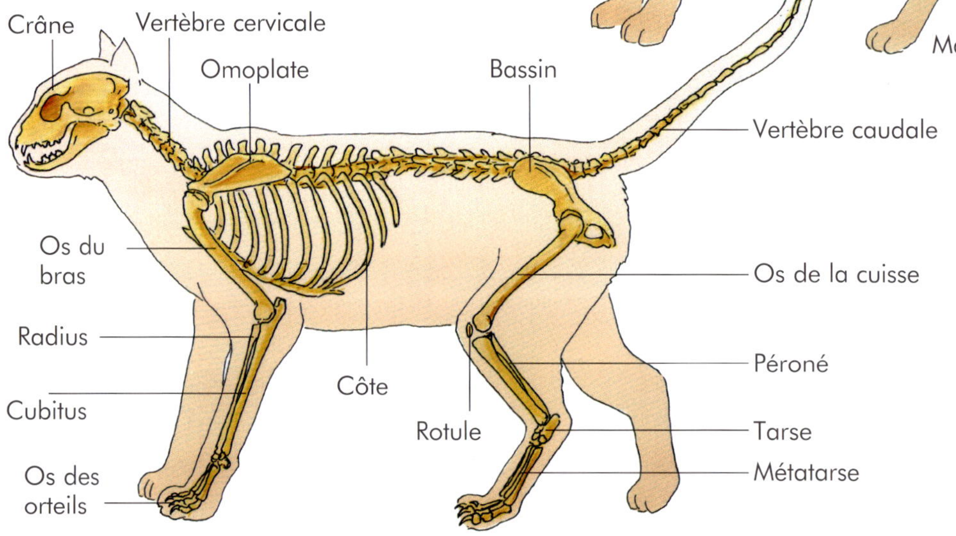

Le chat domestique
Aire géographique : **Monde entier**
Espace de vie : **Près des hommes et leur environnement**

Notre chat domestique descend d'une race égyptienne de chat sauvage que l'on reencontre aujourd'hui encore en Libye et en Égypte. Le territoire d'un chat vivant à la campagne est la ferme et ses dépendances ; soit il déniche un petit coin douillet dans une étable, soit dans un coin de la maison où il cohabite avec les humains. Les chats sont certes des animaux très familiers, mais ils savent pourtant très souvent imposer leur volonté.

Le lion

Le lion est un prédateur de la famille des félidés. Ce n'est pas pour rien qu'on l'appelle le « roi des animaux ». Un lion mâle adulte est d'une taille impressionnante.

Un mâle pèse jusqu'à 250 kg et mesure jusqu'à 2,70 m (queue comprise). Les femelles sont un peu plus petites.

Contrairement à tous les autres félins, le lion n'est pas solitaire, mais vit en société dans des groupes de vingt à 30 individus. En règle générale, un seul d'entre eux est un mâle. S'il y a deux à trois autres mâles, ils proviennent d'une portée née à l'intérieur du groupe.

Les lions défendent leur territoire jusqu'au bout. Ils repoussent tout assai d'un mâle inconnu pour y pénétrer. Ils lancent alors leur rugissement que l'on peut entendre jusqu'à plusieurs km de distance. Les lionnes ne tolèrent pas non plus les femelles inconnues.

Le plus souvent, un lion mâle ne passe que deux périodes de reproduction dans son groupe. Il perd ensuite tout intérêt pour cette famille. S'il perd un combat avec un rival, il part en quête d'un autre groupe.

Au cours de la période des amours, le mâle demeure constamment auprès de la femelle. Avec sa crinière, il est bien plus grand et plus imposant que la lionne. Une lionne met bas de deux à cinq lionceaux environ tous les deux ans. À la fin de la gestation, qui dure environ 110 jours, la lionne cherche un endroit abrité. Ce dernier doit se trouver près d'un point d'eau et hors d'atteinte des agresseurs.

À la naissance, les petits ont une peau tachetée et sont aveugles. Durant les deux premiers mois, ils sont nourris grâce au lait maternel. Ensuite, la lionne les emmène à la chasse. Les lionceaux ne peuvent mastiquer eux-mêmes leur viande que quand ils ont atteint l'âge d'un an, ils possèdent alors leur dentition définitive.

Au bout de deux ans, la lionne redevient gravide. Les petits doivent quitter leur mère. Cependant, nombre d'entre eux ne survivent pas durant les semaines qui suivent, une fois livrés à eux-mêmes.

Les lions chassent le plus souvent au crépuscule. Dans la journée, ils se reposent et dorment. Ce sont les lionnes qui se chargent de capturer les proies. Le plus souvent, le mâle ne prend pas part à la chasse.

Les lionnes s'avancent ensemble en direction d'un troupeau et se mettent à l'affût contre le vent. Une autre lionne se glisse du côté opposé.

Elle se jette alors brusquement sur le troupeau et rabat les animaux effrayés vers les autres lionnes faisant le guet.

Une fois un animal capturé, il est traîné vers un endroit ombragé par le mâle. Ce dernier a le droit de manger le premier, ensuite viennent la lionne et seulement ensuite les lionceaux. Les zèbres, les gnous, les gazelles, les antilopes, etc sont leurs proies habituelles.

Les lions ne chassent que quand ils sont affamés. Il peut ainsi arriver qu'un troupeau en train de brouter ne soit pas dérangé par un lion se trouvant à proximité. Les animaux remarquent instinctivement si leur prédateur est en chasse ou s'il est rassasié et fait sa sieste.

Aujourd'hui, on ne trouve les lions qu'en Afrique sub-saharienne et dans une petite petite région d'Inde (la Gir Forest). Autrefois, on les trouvait en Europe du Sud-Est, en Asie du Sud et en Inde.

Pour la protection des lions, on place de grands espoirs dans le développement des réserves naturelles et des parcs nationaux.

Famille de lions
Aire géographique : **Afrique sub-saharienne**
Espaces de vie : **Savane et steppe**

Avec sa fourrure couleur sable, le lion se fond à merveille dans son environnement. Les lions vivent et chassent en meute, composée de plusieurs mâles, femelles et de leurs lionceaux. Le mâle le plus fort, reconnaissable à sa puissante crinière qui entoure son crâne, ses épaules et son poitrail, occupe toujours une position privilégiée.

Le tigre

En tout, il existe encore neuf sous-espèces de tigres qui diffèrent par la couleur de leur pelage. Le tigre est plus léger et plus élancé qu'un lion. En moyenne, il mesure jusqu'à 2,70 m, queue comprise, mais on a également trouvé des mâles dont la longueur mesurait 2,90 m. Les femelles sont un peu plus petites.

Le tigre a un pelage court et lisse, il porte une barbe sur les joues. Les animaux des contrées septentrionales ont un pelage plus long et plus épais que ceux des régions chaudes de l'Inde.

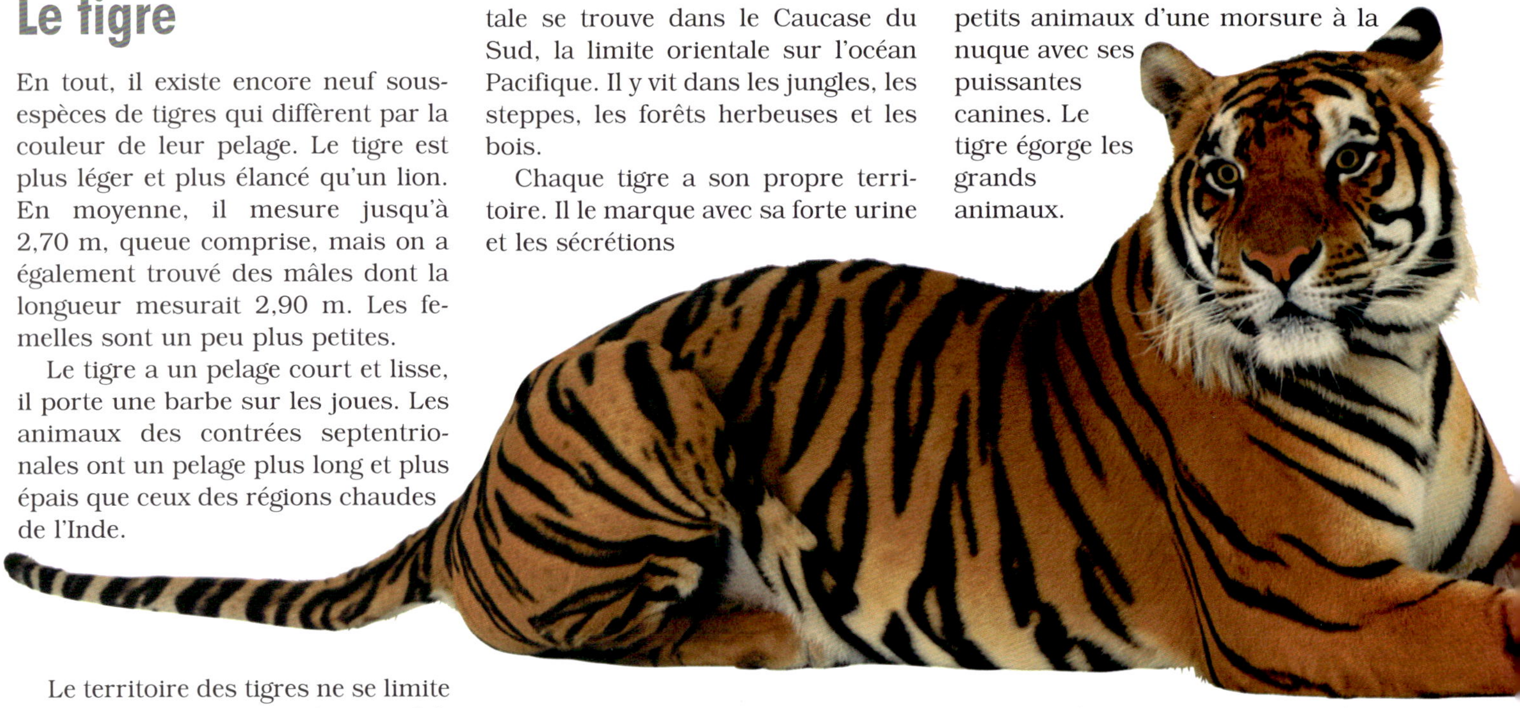

Le territoire des tigres ne se limite pas à l'Inde, comme on le croit fréquemment. On trouve le tigre dans le nord de l'Asie, en Sibérie, et dans le sud, à Sumatra. La limite occidentale se trouve dans le Caucase du Sud, la limite orientale sur l'océan Pacifique. Il y vit dans les jungles, les steppes, les forêts herbeuses et les bois.

Chaque tigre a son propre territoire. Il le marque avec sa forte urine et les sécrétions de ses glandes. Son autre façon de marquer son territoire consiste à arracher l'écorce des arbres.

Le tigre Aire géographique : **De la Sibérie au nord à Sumatra au sud**
Espaces de vie : **Forêt et jungle**

Le tigre a besoin d'un territoire de chasse très étendu d'au moins 55 km² pour le mâle et moins étendu pour la femelle.

Le tigre ne vit pas uniquement la nuit, il se déplace très souvent avant le lever du soleil et après le coucher.

À pas feutrés, il s'approche de sa proie et il l'observe. Puis il l'attaque brusquement par derrière ou par un côté. Il porte alors un coup de patte sur la nuque de l'animal avec ses griffes, si bien que ce dernier tombe immédiatement au sol. Il tue les petits animaux d'une morsure à la nuque avec ses puissantes canines. Le tigre égorge les grands animaux.

Avant d'emporter sa proie dans les fourrés, le tigre lèche le sang qui sort de la plaie.

Quand le tigre est rassasié, il s'endort quelquefois pour plus d'une journée. Il ne se dirige vers un point d'eau que pour boire.

Il capture ses proies de préférence près de ses endroits favoris que sont les rives des fleuves. Tous les animaux s'y rendent pour boire, de même que des hommes, pour boire et se laver.

À l'âge de trois-quatre ans, le tigre royal, par exemple, atteint la maturité sexuelle. Sa période d'accouplement se situe au printemps. Le mâle se rend à ce moment-là sur le territoire d'une femelle. Il demeure alors environ un à trois mois avec la femelle qui, durant cette période, n'est véritablement féconde que durant une semaine.

Plus tard, le mâle retourne dans son propre territoire. Après une gestation de quinze semaines, deux à quatre petits naissent. Ils sont aveugles durant les dix premiers jours. Ils sont allaités huit semaines par la mère, ensuite, ils se nourrissent de petites proies.

Au bout de six mois, les petits

restent également seuls durant la journée pendant que la mère chasse. Quand les petits ont atteint l'âge d'un an, ils partent chasser seuls et quelques mois plus tard, ils attaquent eux-mêmes de grandes proies.

Les tigres chassent les singes, les sangliers, les antilopes et les cerfs, jusqu'aux animaux les plus grands comme les éléphants ou les rhinocéros.

Mais les tigres eux-mêmes sont encore pourchassés par l'homme. Sa chair est supposée donner courage et force, elle est également utilisée comme médicament. La fourrure est tannée et est exportée en Chine et en Europe pour y être vendue.

Le nombre de tigres ne croîtra que si un vrai programme de protection de ces espèces voit le jour pour permettre le maintien durable de leur nombre et ainsi la survie de l'espèce.

Le puma
Aire géographique : **Du sud-ouest du Canada à l'Amérique centrale**
Espaces de vie : **Prairie, montagne et forêt**

Le puma

Le puma a un corps élancé et atteint 1,60 m de long, sa queue mesurant jusqu'à 65 cm.

Le pelage d'un puma est le plus souvent argenté. Dans certaines régions, sa couleur de peau adopte également un ton roux jaune. En général, son pelage est épais et court et ne comporte pas de crinière.

Le puma est largement répandu. On ne le trouve pas seulement en Amérique du Sud, mais aussi au Mexique, aux États-Unis et au Canada.

Il habite le plus souvent en forêt. Il préfère les lisières et les prairies avoisinantes, recouvertes d'herbes hautes, où il peut chasser en toute quiétude. Dans ces endroits sans arbres, il se cache dans les hautes herbes.

Il passe le plus souvent sa journée à dormir dans un arbre ou dans un buisson. Au crépuscule, il part à la chasse, en quête de ses proies. Grâce à son agilité naturelle, le puma peut faire des bonds allant jusqu'à 6 m.

S'il repère une proie, il l'observe d'abord de haut, depuis un arbre ou un promontoire. Ensuite, il se jette sur elle et commence par dépecer le cou et par lécher le sang. Il dévore les petits animaux en totalité, mais seulement une partie des grands. Dès que le puma est rassasié, il se retire dans sa cachette et dort.

Si, la nuit suivante, il ne capture aucune autre proie, il retourne manger les restes de la veille.

Cependant, s'il capture entre temps une nouvelle proie, il abandonne sa première aux charognards.

Le puma apprécie surtout le sang des animaux. Il est déjà arrivé qu'il tue plusieurs moutons en une nuit et qu'il en suce le sang, sans en dévorer la chair.

Les proies favorites du puma sont les moutons, les chevreuils, les veaux, les lièvres, les lynx, voire même les autruches et les singes.

Après une gestation de plusieurs mois, un puma femelle met bas plusieurs petits dans une cachette pouvant être, par exemple, une anfractuosité rocheuse. Elle les élève seule. Au bout d'environ deux mois et demi, les petits vont chasser avec elle pour la première fois. Cependant, ils demeurent encore un ou deux ans auprès de leur mère.

Le jaguar

Le jaguar est le chat sauvage (famille des félidés) le plus redouté d'Amérique. On le rencontre en Amérique centrale et latine. Le jaguar habite la jungle, les marécages, les taillis et les forêts côtières. Bien qu'il ait une préférence pour les hautes herbes et les rochers, on le rencontre aussi en rase campagne. Son pelage est de couleur rouille, plus clair vers le ventre et l'intérieur des pattes, avec des taches sombres caractéristiques en formes d'anneaux, dotées à leur tour de taches intérieures. En outre, il existe aussi des spécimens noirs comme la panthère d'Amérique. La taille moyenne d'un jaguar mâle est de 75 cm, son corps mesurant jusqu'à 1,85 m.

En dehors de la période d'accouplement, les jaguars sont solitaires. Comme il est rare de nos jours de rencontrer des individus vivant à l'état sauvage, on sait peu de choses sur leur vie familiale.

Pour l'accouplement, les deux jaguars ne se rencontrent que brièvement ; ensuite, la femelle met au monde jusqu'à quatre petits après une gestation de trois à quatre mois. Ces derniers, très petits, pèsent environ 900 g et naissent aveugles.

Au bout de quatorze jours, les petits ouvrent les yeux et commencent à explorer leur environnement. À l'âge de six mois, ils accompagnent leur mère à la chasse.

À l'âge de deux ans, le jaguar cherche son propre territoire pour capturer ses proies. Il mange des animaux des bois de toutes tailles qu'il chasse de préférence de nuit. Il monte souvent dans les arbres pour guetter ses victimes. Il se glisse alors près d'elles et les attaque en se projetant sur elles.

Les jaguars savent bien nager. Ils capturent de petits alligators, des tortues ou des poissons en les guettant depuis un endroit situé au-dessus de l'eau. Ils peuvent pêcher les poissons avec leurs pattes. Ils dévorent ensuite leur victime dans une cachette.

Dans de nombreuses régions, le nombre des jaguars a fortement diminué en raison de la colonisation humaine et de l'exploitation des forêts, mais aussi à cause de la chasse.

Heureusement, dans les zoos, ces animaux se reproduisent si bien qu'il n'existe pas de danger d'extinction.

Le jaguar
Aire géographique : **Amérique centrale et latine**
Espaces de vie : **Forêt clairsemée, montagne et forêt tropicale humide**

La panthère d'Amérique est le seul représentant des jaguars à posséder une robe totalement noire. Autrement, ils sont tachetés de jaune et de noir. Parfois, les deux variétés apparaissent au sein d'une même portée. Les jaguars sont surtout actifs au crépuscule et pendant la nuit. Ils chassent des vertébrés de grande taille dont ils s'approchent en rampant pour ensuite leur sauter dessus et leur briser la nuque d'un coup de mâchoires.

Le guépard
Aire géographique : **Afrique subsaharienne**
Espaces de vie : **Brousse, savane et contrée semi-désertique**

Le guépard

Le guépard se distingue très nettement du type général de la famille des félidés. Il présente certes une longue queue et une tête de félidé, mais ses pattes sont d'une longueur inhabituelle. Les griffes de ses orteils ne se replient pas. Tout comme chez le chien, un usage intensif les rend plus courtes et plus émoussées. Un guépard mesure environ de 1,20 à 1,40 m dont 60 à 80 cm pour la queue. En règle générale, les femelles sont plus grandes que les mâles.

Ne pouvant donc pas capturer ses proies, qui sont fréquemment des cerfs, des gazelles et d'autres espèces d'antilopes, avec ses griffes, le guépard les assomme en leur portant une grêle de coups avec ses pattes antérieures.

À l'instar des chiens de chasse de nos contrées, c'est le guépard qui depuis des millénaires assume cette fonction dans certaines parties d'Asie

Les guépards vivent solitaires ou en groupe. Dans ce dernier cas, ils chassent alors de concert des animaux plus grands qu'eux. Ils encerclent leur proie en rampant et l'exécutent prestement après un bref sprint en l'attaquant à la gorge. Toutefois, s'ils ne parviennent pas rapidement à se rendre maître de leur proie, ils l'abandonnent.

et d'Afrique. À cette fin, on ne capture et on ne domestique donc que des animaux qui ont déjà appris à chasser avec leur mère.

Le guépard peut atteindre sur de courtes distances une pointe de vitesse d'environ 80, voire de 100 km/h dans le meilleur des cas, et effectuer en même temps des sauts de plus de six mètres, ce qui en fait le mammifère le plus rapide de la planète.

S'il réussit à plaquer l'animal au sol, il effectue d'abord une brève pause avant de commencer à dévorer sa proie.

Tous les huit à dix jours, la femelle du guépard est prête à s'accoupler pour deux semaines. Si l'accouplement a lieu, elle met au monde jusqu'à six petits après une gestation de 90 à 95 jours.

Les guépards sont répandus en Afrique subsaharienne. Ils peuplent les savanes, les zones semi-désertiques et les plaines arborées.

Le léopard (panthère)

Le léopard ressemble fort au jaguar par la couleur de son pelage, ses taches ainsi que par ses formes.

Son aire géographique est très étendue, englobant l'Asie méridionale et la totalité de l'Afrique. On le retrouve dans les déserts, les montagnes, les forêts tropicales et les savanes.

Le léopard mesure en tout environ 2,40 m, la queue seule atteignant 70 cm. Son corps puissant est surmonté d'une tête arrondie. Son magnifique pelage est de couleur roux jaune et devient plus clair vers le ventre. De nombreuses taches variées recouvrent son corps et ferait d'abord croire qu'il est facilement identifiable. Or, il n'en est rien. Les couleurs de la terre et des plantes de son environnement s'accordent si bien avec la couleur de son pelage que seule une observation attentive permet de détecter sa présence.

En outre, il existe également des panthères entièrement noires qui ne diffèrent du léopard sur aucun point, si ce n'est par la couleur de leur pelage. La panthère ne doit pas être confondue avec la « panthère d'Amérique », la variété entièrement noire du jaguar.

Certes, le léopard n'est pas le prédateur le plus rapide, mais il est capable d'effectuer des bonds impressionnants et c'est un excellent grimpeur. On le voit souvent dans les arbres. Il y poursuit, par exemple, les babouins, ce qui empêche une prolifération effrénée de cette espèce de singes.

Sa nourriture principale se compose de chèvres, de poules, d'antilopes, de moutons etc. Le léopard tue fréquemment plusieurs animaux en une seule nuit. C'est pour cette raison que les éleveurs de bétail le craignent plus que le lion, car ce dernier tue au maximum un animal par nuit.

La femelle indique qu'elle est prête à l'accouplement lorsqu'elle asperge les arbres de son urine à l'odeur pénétrante. Le mâle est attiré et demeure environ une semaine avec la femelle jusqu'à ce qu'ils s'accouplent. Ensuite, la femelle reste de nouveau seule. Après une gestation de 90 à 110 jours, elle met bas de deux à six petits, d'abord aveugles, qu'elle élève seule. Malgré tout, seuls un à deux petits d'une même portée survivent le plus souvent.

Dans un premier temps, les petits sont transportés dans des cachettes sans cesse renouvelées pour éviter qu'ils ne soient dévorés par des hyènes ou des lions. Au bout de quelques mois, les petits apprennent à chasser eux-mêmes et à se prendre en charge.

Le léopard
Aires géographiques : **Afrique, Asie centrale et méridionale**
Espaces de vie : **Désert, forêt et montagne**

La famille des canidés

Le chien domestique
Aire géographique : **De nombreuses races dans tous les pays du monde**
Espace de vie : **Animal d'usage ou de compagnie vivant en compagnie des êtres humains**

Le chien domestique, ici un golden retriever, est une variété domestiquée du loup,. On distingue environ 400 races classées selon certains critères de ressemblance. Citons quelques grands types, les chiens de chasse, les chiens de berger, etc.

La famille des canidés fait partie des prédateurs. Nombre d'entre eux vivent en bandes et occupent de vastes territoires de chasse. Ils parcourent souvent de grands trajets à une vitesse élevée pour capturer leurs proies. Ceci est surtout valable pour les plus grands des canidés. Quand ils se déplacent en bandes, ils encerclent leurs victimes et les maîtrisent ensemble. Ils sont ainsi capable de vaincre des animaux plus grands qu'eux.

Les canidés n'ont certes pas une vue perçante, mais grâce à leur sensibilité à la lumière, ils voient clair de jour comme de nuit. Leur odorat est particulièrement bien développé. Un canidé peut suivre des traces anciennes et reconnaître la direction qu'une personne a empruntée grâce à l'odeur. Son ouïe est également très fine. Un canidé s'éveille au moindre bruit. C'est alors qu'il dresse les oreilles, qu'il relève la tête et qu'il se met à gronder ou à aboyer.

La dentition des canidés est particulièrement bien développée. Leurs canines se sont transformées en crocs pointus et leurs incisives sont très bien adaptées à la mastication de la viande. Outre cette dernière, ils se nourrissent également de végétaux. Leurs molaires les broient facilement grâce à leurs importantes surfaces. Les membres de la famille des canidés sont également des digitigrades. Ils marchent sur leurs quatre orteils. Cependant, à la différence des félidés, ils disposent de griffes fixes qui ne se rétractent pas et s'usent en permanence quand ils courent. Ils ne les utilisent pas comme armes de combat. Cependant, ces griffes s'accrochent bien au sol et leur permettent de courir très vite.

Dans la famille des canidés, on trouve, entre autres, le loup, le chacal, le renard, le lycaon et, bien entendu, les chiens domestiques et les chiens de chasse.

Le lycaon
Aire géographique : **Afrique subsaharienne**
Espaces de vie : **Steppe, zone semi-désertique et montagneuse**

Les lycaons vivent en meute d'une trentaine d'individus. En quête de leurs proies, ils parcourent de grands territoires et ne restent sur place que lorsque les petits ne peuvent pas suivre le groupe.

Le chacal

Tout comme le loup et le coyote, les chacals font partie des canidés prédateurs. Ils vivent surtout dans les fourrés ou dans les savanes d'Europe du Sud-Est, d'Asie du Sud et d'Afrique.

Le chacal le plus répandu est le chacal à chabraque, dont le corps rappelle celui du chien. Il atteint une longueur d'environ 1 m. Sa queue mesure près de 30 cm. Le plus souvent, son pelage est rouge brun, parfois gris. Il a une sorte de tache gris noir sur le dos. Cette dernière le distingue très nettement des autres espèces de chacals. Là où il n'y a pas d'êtres humains, le chacal chasse de jour comme de nuit en compagnie de ses congénères, sinon, il ne le fait qu'au crépuscule, et de nuit. Il capture de petits animaux, mais il mange aussi des fruits, des baies et des charognes, son repas de prédilection. Quand des lions ou des tigres ont dévoré une grosse proie, il en reste souvent assez pour les chacals.

La femelle du chacal met au monde une portée pouvant comprendre jus-

Le chacal
Aires géographiques : **Sud-Est de l'Europe, Asie du Sud et Afrique**
Espace de vie : **Savane**

qu'à six petits après une gestation d'environ neuf semaines. Le mâle vit avec sa femelle. De nombreux couples élèvent leurs petits ensemble. Il existe différentes espèces de chacals dont le chacal doré, un peu plus petit que le chacal à chabraque et considéré autrefois comme l'ancêtre de notre chien domestique en raison de son aspect, et le chacal à rayures, qui se démarque grâce aux raies latérales sombres de son pelage gris et à la pointe blanche de sa queue.

Le loup est une espèce menacée car il est surtout victime de l'homme. Ils peuplent un territoire de plusieurs centaines de kilomètres carrés qu'ils marquent de leur urine. Les loups chassent souvent en meute pour se nourrir. Ils encerclent d'abord leur victime avant de la poursuivre, parfois sur plusieurs dizaines de kilomètres. Si les loups ne sont pas très rapides, en revanche ils sont très endurants.

Le loup
Aires géographiques : **Europe septentrionale, Canada et Russie**
Espaces de vie : **Toundra arctique, steppe et zone forestière**

Le loup

Le loup est le canidé sauvage le plus connu. Autrefois, il était répandu à travers de nombreuses espèces dans de vastes parties de l'Europe, de l'Asie et de l'Amérique du Nord. Il a de nos jours disparu de nombreuses régions.

Suivant l'endroit où il vit, la couleur de son pelage varie du gris brun, au roux brun, ou noir. Dans les régions polaires, il est quasiment tout blanc.

Les espèces de loup les plus grandes mesurent 1,40 m de longueur, et pèsent plus de 75 kg, les petites espèces ne pesant que 15 kg. Le plus souvent, les louves sont plus petites et plus maigres que les mâles.

La nourriture des loups se compose de lièvres, oiseaux, rongeurs, élans et cerfs qu'ils poursuivent sur de longs trajets et qu'ils finissent par capturer de leurs crocs puissants.

Les loups vivent en bandes. Il y règne une hiérarchie stricte qui s'exprime par des signes ou des attitudes et des comportements bien définis. Ainsi, un mâle dominant dresse sa queue plus haut que les autres mâles. Une louve peut tout aussi bien diriger la bande. Au sein de cette dernière, on trouve souvent plusieurs groupes familiaux ainsi que des individus solitaires.

Entre février et avril, les animaux les plus forts et du rang le plus élevé d'une bande s'accouplent. À l'issue d'une gestation de deux mois, il naît de trois à dix petits. Ces derniers viennent au monde dans une cachette ou dans une cavité que l'animal a creusé lui-même. Dans un premier temps, les petits sont nés aveugles.

Ils sont allaités durant environ deux mois. Mais, entre-temps, ils ont reçu déjà des morceaux de viande prédigérés. Ils ne sont pas élevés seulement par la louve mais aussi par d'autres membres de la bande. À l'âge d'un an, les loups sont adultes et à l'âge d'environ trois ans, ils atteignent leur maturité sexuelle. Les couples de loups demeurent souvent ensemble durant plusieurs années. En liberté, les loups vivent environ dix ans, en captivité environ quinze ans.

Le coyote

Le coyote, aussi appelé loup de prairie d'Amérique du Nord, est un proche parent du loup. Il vit ainsi de l'Alaska jusqu'en Amérique centrale.

Le coyote, qui ne mesure que 90 cm de longueur et pèse de 15 à 20 kg, est ainsi plus léger que le loup. Il vit en petits groupes ou en solitaire, dans les grandes prairies ou les forêts clairsemées. Bien qu'il ait été terriblement pourchassé par l'homme et surtout par le loup, son propre parent, il a pu largement se multiplier.

Il se nourrit principalement de rongeurs et de lapins et se montre donc, en fait, utile aux agriculteurs. En outre, il mange des serpents et des insectes ainsi que des baies et de l'herbe. Il pêche même des poissons et des grenouilles.

Les jeunes coyotes naissent à l'issue d'une gestation de soixante jours environ. Durant les premières semaines, ils sont approvisionnés en nourriture ainsi que la femelle par le mâle. Quand les jeunes coyotes sont âgés d'un an et demi environ, ils quittent leur mère pour partir à la conquête de leur propre territoire.

Le coyote
Aire géographique : **De l'Alaska à l'Amérique centrale**
Espaces de vie : **Prairie et forêt clairsemée**

Le renard

Le renard se distingue des autres canidés par une caractéristique particulière : sa pupille n'est pas ronde, mais allongée comme celle d'un chat. En outre, il se caractérise par son museau pointu.

Renard roux
Aires géographiques : **Amérique du Nord, Europe, Asie, Australie**
Espaces de vie : **Berge de rivière, lisière de forêt et de champ**

Son pelage est roux sur le dos et blanc sur le ventre. Sa queue est longue et touffue. En hiver, son pelage est plus clair et plus épais qu'en été.

Le plus souvent, les renards vivent dans les forêts ou à leurs lisières d'où ils peuvent facilement atteindre la rase campagne. Leur domicile est une tanière souterraine que le mâle et la femelle habitent partiellement ensemble.

Le terrier se compose de différentes chambres situées à divers niveaux, reliées entre elles par des galeries et dotées de plusieurs sorties conduisant à la surface du sol.

Le territoire d'un renard s'étend sur environ 3 ou 4 km autour de son terrier et l'animal le marque en urinant sur les pierres et les arbres. Dans la journée, le renard dort le plus souvent dans son terrier. Il chasse la nuit en s'approchant alors de ses proies afin de les capturer d'un seul bond.

Sa nourriture principale est composée de souris. Quelquefois, il capture aussi des lièvres ou des poules et il pille des nids d'oiseaux. Il ne dédaigne pas non plus les grenouilles, les coléoptères et les escargots, de même que les pommes de terre et les betteraves.

Suite à une période d'accouplement située en janvier ou en février, quatre à huit petits naissent en mai. Auparavant, la renarde a creusé un terrier qu'elle a rembourré avec ses poils ventraux. Les renardeaux sont allaités durant huit semaines. Au cours de cette période, le renard approvisionne la femelle et par la suite, il fait de même avec les petits. Ces derniers apprennent à chasser et à rechercher leur nourriture en jouant et lors de leurs premières escapades à travers le territoire dont se sont doté leurs parents.

La famille des hyènes

Les hyènes vivent au sud-ouest de l'Asie et en Afrique. Elles sont apparentés aux félidés, bien que d'après la structure de leur corps, on puisse penser qu'ils font partie des canidés.

Les hyènes ont une grande tête et une dentition particulièrement puissante. Elles sont ainsi capables de réduire en miettes même de gros os.

Leurs pattes avant sont plus longues que leurs pattes arrière, c'est pourquoi leur dos est un peu incliné. Elles ne peuvent ni courir rapidement ni bien sauter.

Bien qu'autrefois on ait cru que les hyènes ne se nourrissaient que de charognes et d'animaux malades, on a observé depuis, que par exemple, les grandes espèces comme la hyène tachetée chassaient en bande les antilopes ou les zèbres. Ces derniers sont d'abord jetés au sol après avoir été mordus violemment à la patte.

Les hyènes chassent surtout tôt le matin. Quand elles ont fini par maîtriser et tuer leurs proies, leurs hurlements et leurs rires bien connus retentissent.

L'espèce de hyène la plus grande est la hyène tachetée. Elle atteint environ 1,60 m de longueur et pèse 80 kg. On la trouve souvent en bandes allant jusqu'à 100 individus sur des espaces ouverts. Elle marque les limites de son territoire par son urine et ses sécrétions glandulaires.

Les petits naissent dans une tanière souterraine. Ils sont allaités durant plus d'un an. Par la suite, ils peuvent aller chasser eux-mêmes sans la bande.

Une autre espèce de hyène est la hyène à rayures, qui ne mesure qu'environ 1 m de long et est répandue en Afrique et en Asie. Le plus souvent, elle mange des charognes et des animaux tels que des moutons et des chèvres.

La hyène à chabraque, devenue rare, vit en Afrique du Sud. Elle est aussi nommée loup des plages ou hyène brune. Sa nourriture principale se compose de cadavres, d'oiseaux, de poules, mais aussi de crustacés comme les moules et de poissons. Elle fait partie des espèces menacées.

La hyène tachetée

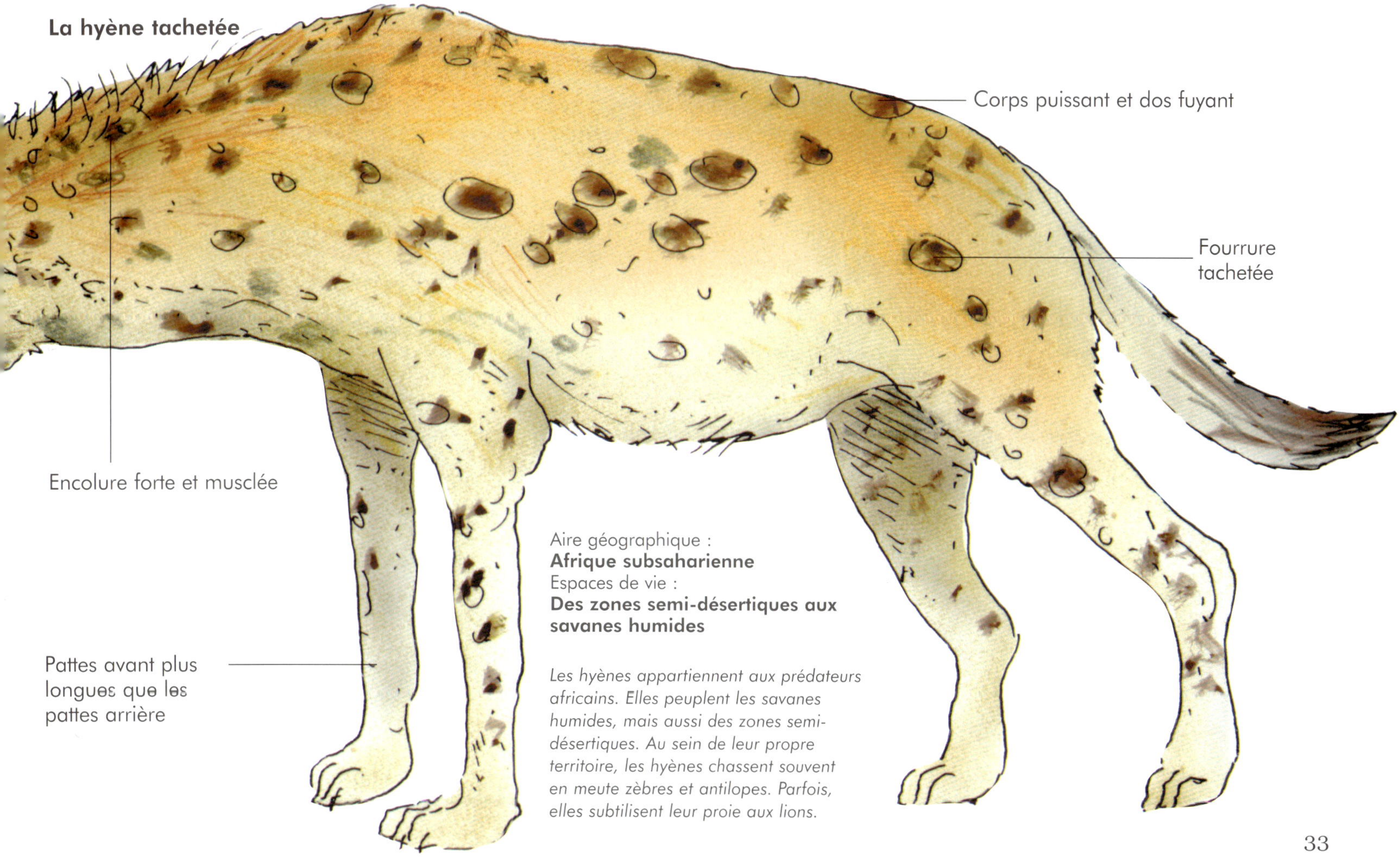

Aire géographique :
Afrique subsaharienne
Espaces de vie :
Des zones semi-désertiques aux savanes humides

Les hyènes appartiennent aux prédateurs africains. Elles peuplent les savanes humides, mais aussi des zones semi-désertiques. Au sein de leur propre territoire, les hyènes chassent souvent en meute zèbres et antilopes. Parfois, elles subtilisent leur proie aux lions.

La famille des mustélidés

La famille des mustélidés est diffusée sur toute la surface de la Terre, sauf dans l'île-continent d'Australie et à Madagascar. Elle se compose d'environ 58 espèces de mammifères de taille petite et moyenne.

La plupart des mustélidés ont un corps élancé et mobile et une longue queue. Ce sont de bons grimpeurs. Tous les mustélidés ont des glandes sudoripares dont ils utilisent les sécrétions pour marquer leur territoire. Chez certaines espèces, ces substances malodorantes servent de moyen de défense. Parmi les mustélidés, on trouve le putois, l'hermeline, la belette, le glouton et la loutre.

Le putois
Aire géographique : **Europe**
Espace de vie : **Forêt**

La loutre
Aires géographiques : **Europe, Amérique du Nord et Russie septentrionale**
Espaces de vie : **Zone marécageuse, berge de cours d'eau, lac**

La martre des pins

La martre des pins vit en Europe et en Asie occidentale. Elle a un corps long de 35 cm et un pelage brun foncé avec une tache jaune clair sur le cou et la gorge. Son pelage soyeux est très précieux.

Quand la martre des pins saute, sa longue queue touffue lui sert de gouvernail. Ses courtes pattes munies de petits orteils ont des griffes pointues.

La martre se met en quête de chasser principalement la nuit. Elle grimpe, saute comme l'éclair dans les arbres et capture des écureuils et des oiseaux. Même les lapins et les jeunes chevreuils doivent se méfier d'elle.

Quand la martre est très affamée, elle s'introduit aussi quelquefois dans des pigeonniers ou des poulaillers. Elle y tue tout ce qu'elle trouve. Cela correspond à son instinct, qui la pousse à capturer tout ce qui ressemble à une proie. À l'automne, la martre mange également des baies et des fruits.

Dans la journée, la martre des pins reste cachée dans un creux d'arbre ou sous une pile de bois.

Au bout d'une gestation d'environ six mois, les martres femelles mettent au monde de deux à sept petits. Ces derniers sont autonomes au bout d'environ quatre mois.

La martre des pins
Aires géographiques : **Europe, Asie occidentale**
Espace de vie : **Zone forestière**

La loutre

La loutre, qui fait partie de la famille des mustélidés, est très bien adaptée à la vie aquatique. Elle a certes le corps élancé d'une martre, mais aussi une queue musculeuse et charnue qui lui sert à se déplacer dans l'eau. Les quatre pattes sont munies de palmure. Le court pelage épais garde la peau au sec car il ménage une couche d'air autour du corps tout entier.

À terre, les loutres peuvent se mouvoir facilement, mais dans l'eau, ce sont de remarquables plongeuses et nageuses qui chassent poissons, grenouilles et autres animaux aquatiques. Les campagnols et les oiseaux aquatiques figurent eux aussi à leur menu.

Elles chassent essentiellement de nuit. De jour, ces animaux vivent dans leurs terriers, sur les rives des fleuves. Ce sont des animaux très espiègles qui se laissent rouler avec un grand plaisir sur les talus bordant les fleuves.

Au printemps, deux à trois petits naissent après une gestation d'environ soixante jours. Sous les latitudes méridionales, ils naissent en toute saison.

Les loutres atteignent 50 à 80 cm de longueur dont 30 à 50 cm pour la queue. Elles font partie des espèces menacées, car elles sont considérées comme des concurrentes par les pêcheurs.

Elles mènent une vie solitaire et on ne peut les observer que rarement. Elles sont répandues en Europe (à l'exception de nombreuses îles méditerranéennes), en Afrique du Nord et en Asie.

Le blaireau
Aires géographiques : **Europe et Asie**
Espaces de vie : **Berge de cours d'eau, champ, marais, haie et forêt**

Le blaireau

Le blaireau est un animal pataud à corps trapu, de la famille des mustélidés. Il mesure entre 60 et 90 cm de long. Le blaireau a une queue courte et de grandes pattes dotées de puissantes griffes avec lesquelles il peut creuser le sol. Il est de couleur grise sur la partie supérieure de son corps et noire sur la partie inférieure. Sa tête, rayée de noir et de blanc, se termine le plus souvent par un museau en forme de trompe.

Le blaireau d'Europe vit dans d'immenses tanières souterraines qu'il creuse avec ses griffes. Ses tanières se composent d'un système de galeries ramifiées, avec différentes chambres garnies d'herbes et de débris végétaux. C'est là aussi que naissent les petits, qui sont au nombre de deux à quatre, après une gestation d'environ un an.

Dans la journée, les blaireaux demeurent le plus souvent dans leurs terriers. De nuit, ils jouent et se battent à l'extérieur. Leur vie communautaire est très développée. Leur nourriture se compose de fruits, de noix, de vers de terre, de souris, de grenouilles et de lapereaux.

Le ratel est une espèce particulière d'Afrique. Il mange du miel et des larves. Il est aidé pour cela par un oiseau, l'indicateur à gorge noire. Ce dernier apprécie les nids d'abeilles et attire par ses cris le ratel qui ouvre ensuite les nids avec ses pattes.

Les deux animaux peuvent alors savourer leur repas ensemble. Grâce à sa peau particulièrement épaisse, le ratel est protégé contre les piqûres d'abeilles.

La mouffette
Aire géographique :
Amérique du Nord
Espaces de vie :
Forêt clairsemée, prairie

La mouffette

La mouffette, ou sconse, est une cousine éloignée des mustélidés de type belette. Elle peut répandre une odeur désagréable grâce aux sécrétions de ses glandes.

Les mouffettes ont un long corps élancé d'une couleur sombre, avec des rayures claires. Leur queue est longue, couverte de poils épais. Elles vivent dans les steppes d'Amérique.

Dans la journée, elle est le plus souvent allongée dans des terriers qu'elles a creusées elle-même, dans des crevasses rocheuses ou dans des creux d'arbres et dort. Elle s'active la nuit et recherche des proies, insectes, amphibiens, petits rongeurs et oiseaux.

Elle utilise ses sécrétions malodorantes comme arme uniquement lorsqu'elle est importunée ou poursuivie. Alors, elle lève la queue et envoie une giclée de liquide nauséabond. En revanche, quand elle est attaquée par un chien, elle verse directement son liquide sur l'animal si bien que celui-ci en garde la trace en mémoire.

*La **mouffette** est une cousine éloignée des mustélidés qui se nourrit de souris, d'œufs, d'insectes, de baies et de petites charognes. Son odeur nauséabonde, qui provient des sécrétions de ses glandes anales, est redoutée, mais elle ne l'utilise que contre ses ennemis.*

Après une gestation de 60 à 75 jours, les femelles mettent au monde deux à cinq petits qui naissent dans des terriers bien cachés et rembourrés de végétaux.

Les différentes espèces sont la mouffette à dos blanc d'Amérique du Sud, la mouffette rayée d'Amérique du Nord et la mouffette tachetée de l'Ouest des États-Unis.

Le glouton

Le glouton, de la famille des mustélidés, vit dans tous les pays du Nord de l'Europe, de l'Asie et de l'Amérique situés tout autour du Pôle Nord. Il a la réputation d'être un prédateur agressif et sauvage.

Sa fourrure est longue et épaisse. Elle est de couleur noir brun avec des rayures claires sur les côtés du corps, la tête et la partie supérieure de la queue. Il mesure de 70 à 100 cm de long et présente une lourde silhouette. Il est capable de tuer des espèces animales beaucoup plus grandes que lui. Il se nourrit de rongeurs et d'oiseaux, mais ne craint pas non plus d'attaquer un élan ou un chevreuil. Il les capture en les attaquant par surprise et en se jetant sur eux depuis un arbre ou un rocher.

Il arrive également qu'il arrache à des loups la proie qu'ils sont en train de dévorer et qu'il les fasse fuir, grâce à l'odeur pestilentielle que secrètent ses glandes.

Les gloutons vivent sur un territoire très étendu qui est toujours habité par un mâle et deux ou trois femelles.

Au printemps, après une gestation de sept à neuf mois, un glouton femelle met au monde deux à trois petits dans un terrier.

Les petits, qui ont tout d'abord un pelage clair, sont allaités durant environ huit semaines. Ensuite, ils restent deux ans auprès de leur mère, avant de prendre leur autonomie et se constituer un territoire.

Glouton
Aires géographiques : **Scandinavie, Sibérie, Alaska, Canada, Ouest de l'Amérique**
Espaces de vie : **Forêt de conifères, toundra**

Les grands ursidés

Les ours noir ou baribals présentent une fourrure luisante noire à brun foncé. Habituellement, ce sont des animaux actifs seulement la nuit. Leur recherche de nourriture (fruits, baies, noix, racines et miel) les conduit à parcourir de grandes distances. Ils se nourrissent également d'insectes, de rongeurs et autres petits mammifères, de poissons morts et parfois de charognes et de déchets.

Les grands ursidés sont des prédateurs qui vivent dans les régions les plus chaudes de la Terre, mais aussi dans les plus froides. On en trouve dans les hautes montagnes, mais aussi au bord de l'océan glacial Arctique. Ce sont des solitaires.

Les ours ont un corps grand et trapu. Ils ont une grande tête et de courtes pattes. Leur pelage est épais et, selon l'espèce, de brun clair ou foncé à noir (à l'exception de l'ours polaire, qui a un pelage blanchâtre).

Les pattes avant et arrière présentent toujours cinq orteils avec de longues griffes recourbées. Ces dernières ne se rétractent pas comme celles des chats et, pour cette raison, elles sont le plus souvent fortement usées. Les ours sont des plantigrades et marchent sur toute la plante de leurs pieds.

Tous les ours vivant dans les zones tempérées accumulent durant l'été une bonne couche de graisse qui leur permettra d'affronter les rigueurs de l'hiver. Omnivores, ils se nourrissent de baies, de fruits, d'herbes et de racines. En outre, ils chassent des poissons, des crabes, des oiseaux et des mammifères. Quand la faim les tenaille, les plus grands d'entre eux attaquent même des animaux de plus grande taille tels que les bœufs ou les chevaux.

Par nature omnivores, leur dentition présente, outre des crocs, de larges molaires destinées à mastiquer la nourriture végétale.

Pour affronter les longs mois d'hiver, les ours creusent une tanière quand ils ne trouvent pas de cavités naturelles ou de rochers creux. Les ours polaires s'enterrent sous une épaisse couche de neige et y construisent leur tanière.

Après l'accouplement, une ourse se retire dans sa tanière et selon l'espèce, elle y met au monde un à six oursons après une gestation d'une durée moyenne de six à hui mois. À la naissance, les petits sont aveugles. Ils sont allaités, couvés, protégés et soignés par leur mère.

Parmi les grands ursidés, on trouve plusieurs espèces telles que l'ours grizzly, l'ours polaire et l'ours noir.

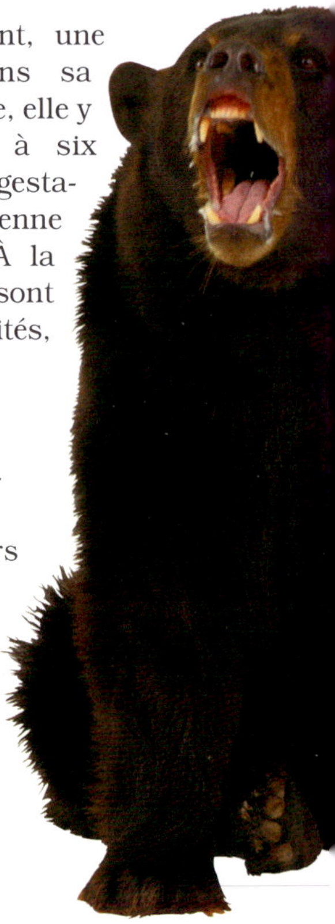

L'ours noir
Aire géographique :
Amérique du Nord
Espaces de vie :
Zone forestière, marais

L'ours brun

L'ours brun, de la famille des grands ursidés, est la variété la plus répandue. Cependant, on ne le trouve en Europe qu'en Scandinavie, dans la péninsule des Balkans et en Russie. Sur les autres continents, on le retrouve dans certaines régions de l'Asie et de l'ouest du Canada, ainsi qu'en Alaska.

Sous le vocable d'ours brun, on regroupe diverses sous-espèces telles que l'ours de Kodiak ou bien encore l'ours grizzly, aussi appelé ours gris.

Les ours bruns, qui mesurent jusqu'à 2,50 m, font partie des plus grands des prédateurs. Ils pèsent jusqu'à 650 kg. Ils vivent en solitaire, mais aussi en petits groupes familiaux. Leur pelage est brun, voire quasiment noir. Il ne faut pas oublier leur dentition, qui comporte des canines particulièrement puissantes.

Dans certaines contrées, les ours bruns ne sont plus actifs que la nuit car autrefois, ils étaient constamment chassés de jour. Ils cherchent alors des noix, des baies, des racines et des fruits, mais aussi des poissons, des insectes et des petits vertébrés.

En Alaska, ils apprécient particulièrement les saumons.

Durant l'été, les ours stockent dans leur corps des réserves de graisse qu'ils consomment dans leur tanière durant l'hiver.

Tous les deux ou trois ans, après une gestation d'environ six à huit mois, une ourse met au monde jusqu'à quatre oursons. À la naissance, ces derniers sont aveugles et très petits car ils ne pèsent que 400 à 700 g environ. Or, au bout de quelques semaines, ils sont déjà devenus des animaux agiles et enjoués. Ils demeurent encore un an environ auprès de leur mère.

L'ours brun
Aires géographiques : **Europe, Asie, Amérique du Nord**
Espaces de vie : **Forêt, toundra**

L'ours polaire

L'ours polaire vit dans les mers arctiques. Cet animal géant, qui mesure jusqu'à 3 m de long, présente un pelage hirsute de couleur crème sous lequel on trouve une épaisse couche de graisse. Il ne craint pas le froid qui règne dans son environnement.

En dépit de sa forte taille, il est très rapide. Quand il chasse ses proies, il peut courir jusqu'à 50 km/h. C'est aussi un excellent nageur.

On a déjà observé des ours polaires en pleine mer, à plus de cent km du continent. Sur les plaques de glace, ils partent à la recherche des phoques. Ils s'en approchent sous l'eau avant d'émerger devant eux en un éclair.

Outre les phoques, l'ours polaire se nourrit en abondance de poissons, de lièvres des neiges et d'isatis. En été, l'ours polaire se rend fréquemment à terre. Il y mange les feuilles et les fruits poussant dans la toundra (par exemple, les myrtilles) ainsi que de la mousse.

L'accouplement a lieu en été. En automne, l'ourse polaire construit un nid pour les oursons. Il se situe souvent sur une pente où tombent les premières neiges. Elle y construit une tanière dans l'épaisse couche de neige.

Six mois plus tard, elle y met bas le plus souvent deux, quelquefois quatre petits qui naissent aveugles et de la taille d'un jeune chaton. Durant les deux premières années de leur existence, ils demeurent auprès de leur mère.

Au cours de l'hiver, les ours polaires ne tombent pas dans une profonde léthargie. Ils se contentent d'hiberner et se réveillent sans cesse durant cette période. Cependant, ils ne quittent pas leur tanière. Ils utilisent leur couche de graisse, épaisse de 3 à 4 cm, pour survivre jusqu'à la fin de l'hiver.

L'ours polaire
Aire géographique :
Lisière sud du cercle polaire
Espaces de vie :
Zone côtière et iceberg

Les petits ursidés

Dans la famille des petits ursidés, qui forment un groupe indépendant parmi les prédateurs, on trouve environ seize espèces qui vivent dans la zone climatique tempérée et tropicale d'Amérique du Nord et d'Amérique latine.

Le plus souvent, leur corps, allongé ou trapu, est de la taille d'un renard et ils ressemblent soit aux martres, soit aux grands ursidés.

Les petits ursidés sont de bons grimpeurs. Nombre d'entre eux vivent dans les arbres. Quelques-uns ne se nourrissent que de viande, d'autres de végétaux.

Parmi les petits ursidés, il y a, entre autres, le raton laveur et le coati. Dans une famille particulière de petits ursidés, les ailaridés, on trouve le grand et le petit panda qui vivent au sud-ouest et au centre de la Chine, dont la survie est menacée.

Le petit panda (panda roux, ou panda fuligineux, ou encore panda éclatant)
Aire géographique :
De l'Asie du Sud-Est au sud-ouest de la Chine
Espace de vie : **Forêt de bambou**

Le raton laveur

Le raton laveur, qui fait partie des petits ursidés, vit surtout en Amérique centrale et en Amérique du Nord. Il y vit dans les forêts et dans les régions marécageuses et aussi fréquemment au bord de lacs et autres étendues d'eau.

Le raton laveur atteint environ 60 cm et a une queue touffue longue de 25 cm. Son pelage est épais et est d'une couleur grisonnante qui, sur la queue, présente des anneaux noirs. Le raton laveur est facilement reconnaissable grâce au « masque » noir qu'il a sur son visage clair et à son museau pointu.

Sur ses pattes antérieures, le raton laveur a de longs doigts fins avec lesquels il tient sa nourriture. Celle-ci se compose de rongeurs, d'œufs, de fruits, de graines, etc. Il détecte sa proie même depuis les cachettes les plus reculées.

Les ratons laveurs apprécient particulièrement de s'asseoir sur la rive d'un fleuve et de capturer crabes, grenouilles et poissons. Ils tiennent leurs aliments entre leurs pattes antérieures et les lavent dans l'eau. C'est de là que vient leur nom de «raton laveur».

Après l'accouplement des ratons laveurs, il s'écoule environ 60 à 65 jours avant que trois à cinq petits ne naissent. Durant les trois premières semaines, ces derniers sont aveugles. Les petits demeurent auprès d'elle jusqu'à l'automne.

Raton laveur
Aire géographique : **Amérique du Nord et Amérique centrale**
Espaces de vie : **Zones forestière et aquatique**

Le coati

Le coati, de la famille des petits ursidés, vit en Amérique centrale et latine. On l'y trouve en groupes comprenant jusqu'à trente individus et plus. Ils ont une grande faculté d'adaptation à leur environnement et vivent aussi bien dans les forêts tropicales que dans les montagnes arides ou dans les déserts.

Un coati mesure entre 45 et 65 cm de longueur. Sa queue est presque toute aussi longue, touffue et porte des anneaux brun foncé et brun clair. Elle se redresse quand l'animal court.

Ce qu'il y a de plus remarquable chez ce puissant animal est son nez pointu mobile, son groin. Le coati peut ainsi aller chercher sa nourriture dans les creux de rochers les plus étroits en l'introduisant profondément. Il se nourrit principalement d'araignées, d'insectes, de vers, etc. Mais il mange également des fruits, des souris et des petits reptiles. Le coati ne se repose qu'à midi, quand il fait le plus chaud.

Les groupes de coatis se séparent très vite après l'accouplement. Les femelles vivent alors seules jusqu'à ce qu'elles mettent bas jusqu'à sept petits, après une gestation d'environ 70 jours. Ces derniers naissent le plus souvent dans le creux d'un rocher ou dans un nid construit dans un arbre. Dans un premier temps, ils vivent encore seuls avec leur mère mais au bout de quelques mois, ils rejoignent le groupe des coatis âgés d'un an.

Les mâles plus âgés ne restent dans le groupe que durant le rut. Ils n'ont pas de fonction dirigeante et doivent se sou-mettre à l'autorité des femelles.

Coati
Aire géographique :
Amérique centrale et latine
Espace de vie : **Zone forestière**

Le panda

Dans la nature, on ne voit presque jamais le grand panda, célèbre après être devenu le symbole du Fonds mondial pour la nature (WWF). Ses effectifs sont descendus à 1 500 individus. Le panda fait partie des grands ursidés.

Cet animal, qui ressemble à un ours, atteint 1,50 m de hauteur. Son donc pelage est blanc et noir. Ses pattes antérieures se sont transformées en des mains préhensiles en raison d'un carpe allongé. Il peut ainsi tenir facilement les pousses de bambous qui composent sa nourriture.

Étant donné que les pousses de bambous ne contiennent que très peu de substances nutritives, le panda passe la plus grande partie de sa journée à manger. On suppose que le grand panda est l'unique prédateur se nourrissant seulement de végétaux. Le grand panda vit seul sur son propre territoire. Durant la période des amours, il recherche, en dehors de son territoire, une femelle qu'il courtise et attire par des sons lents et sonores. Quand un petit naît, il est d'abord aveugle et pèse à peine plus de 100 g. Cependant, au bout de deux mois, il a déjà multiplié son poids par vingt.

Les grands pandas se déplacent au sol durant la majeure partie de la journée. En cas de danger, ils grimpent dans les arbres.

Le petit panda, aussi appelé panda roux, a un pelage roux brun avec une queue touffue à anneaux. Sur sa face, on remarque surtout un masque blanc. Il se nourrit lui aussi principalement de bambous. En outre, il mange aussi des baies, des racines et des glands, voire quelquefois des oisillons. Ses effectifs n'ont pas encore été recensés. Il vit dans les forêts de bambous et au pied de l'Himalaya. Il n'est pas apparenté au grand panda.

Panda
Aire géographique :
Montagnes de Chine
Espace de vie :
Forêts de bambous

CHAPITRE 4

Les insectivores

Les insectivores font partie, avec plus de 450 espèces, de l'ordre des mammifères.

Ce sont de petits êtres craintifs qui, selon la famille d'appartenance, mesurent de 3,5 cm à 45 cm. Quelques-uns ont un pelage doux et velouté, d'autres des piquants.

Les caractéristiques particulières des insectivores résident dans leur museau pointu et dans une dentition composée de nombreuses petites dents coupantes et pointues. Leur ouïe et leur odorat sont très souvent bien développés. Certaines espèces peuvent même émettre des ultrasons et utiliser cet écho pour s'orienter.

Les insectivores primitifs vivaient déjà il y a 100 millions d'années, durant le Crétacé. Tous les ordres de mammifères, de l'homme jusqu'à l'éléphant en dériveraient.

Presque tous les insectivores vivent en ermite. Nombre d'entre eux habitent sous terre ou dans des refuges profondément dissimulés. Sous terre, ils disposent souvent d'un réseau de cavités ou de galeries dans lequel ils se déplacent. Certaines espèces vivent au bord de l'eau ou dans les arbres. Les insectivores se nourrissent d'escargots, de coléoptères et de larves, mais aussi de petits rongeurs.

Les insectivores sont répandus dans le monde entier sauf en Australie et dans les régions polaires.

Font partie, entre autres, de la famille des insectivores, les hérissons, les musaraignes, les taupes et les solénodons.

La taupe

La taupe fait partie de l'ordre des insectivores. Elle est représentée dans toute l'Europe et une partie de l'Amérique du Nord et de l'Asie. Elle passe quasiment toute sa vie sous terre.

Partout où la taupe trouve un sol humide et instable, comme dans les champs, les prés et les jardins, elle creuse un grand nombre de galeries près de la surface de la terre. On peut facilement les deviner en surface grâce aux taupinières. La taupe parcourt plusieurs fois par jour son réseau de galeries afin de chercher de la nourriture. Son véritable logement, le « donjon », se trouve sous un grand monticule de terre. Il est bien rembourré, avec de l'herbe, des feuillages et de la mousse. Le donjon se trouve fréquemment à l'écart des galeries utilisées pour la chasse. Son accès est solide, c'est la galerie de communication.

La forme de son corps révèle à quel point la taupe s'est remarquablement adaptée à son mode de vie souterrain. Son tronc trapu cylindrique (15 cm de long en tout) se termine, sans cou à proprement parler, par une petite tête prolongée par un nez en forme de trompe pointue.

Les yeux et les oreilles sont si atrophiés qu'ils sont à peine reconnaissables. Comme tous les insectivores, sa dentition comporte des dents pointues.

La fourrure de la taupe est épaisse et veloutée. Elle retient ainsi l'eau et les particules de terre. Les poils n'ont pas de sens particulier, si bien que l'animal peut avancer et reculer sans gêne. La taupe est un quadrupède dont les membres antérieurs , en raison de leur forme portent le nom de pelles.

Le bras et l'avant-bras sont très courts. Ils disparaissent complètement dans le corps et ne laissent apparaître que les mains sous la fourrure. Celles-si se trouvent à l'horizontale sur les côtés, les larges paumes orientées vers l'arrière. Leurs doigts courts liés les uns aux autres par une membrane se terminent par de grandes griffes pointues. Les membres postérieurs ne sont que faiblement développés. Ils ne participent pas au creusement.

Durant son travail de sape, la tête libère aussi le passage à l'aide de sa trompe cartilagineuse. Le museau est alors solidement clos par un pli cutané, de même que les conduits auditifs. Si le sol est trop ferme, la taupe retire largement sa tête en arrière. De sorte que les mains avancent plus loin que la tête et puissent dégager les masses de terre. Quand la terre meuble s'est amassée en trop grandes quantités, elle est poussée vers le haut avec la tête. C'est ainsi que se

Taupinière

La taupe
Aires géographiques :
Europe, Asie orientale et Amérique du Nord
Espace de vie :
Le sol et son système de galeries

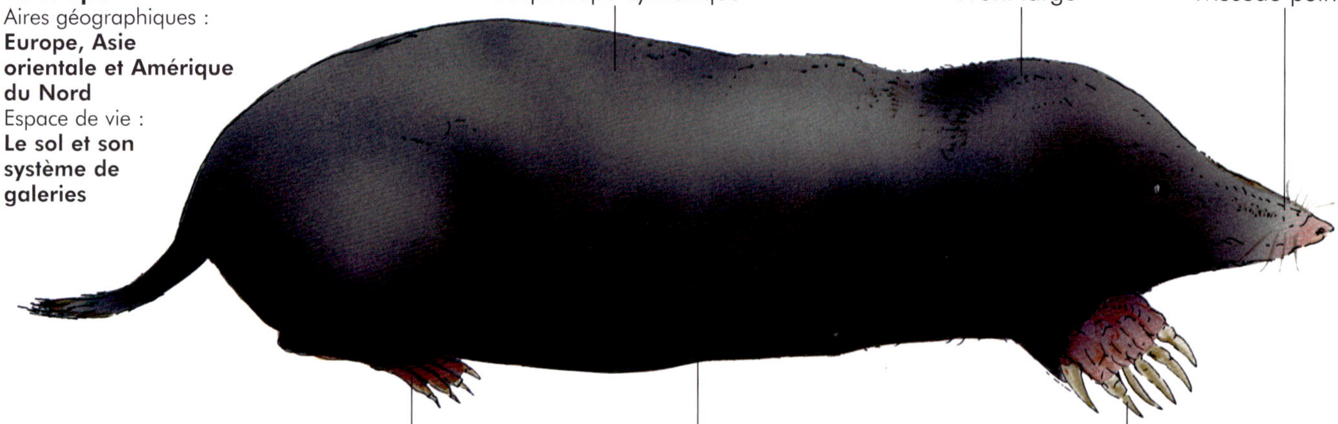

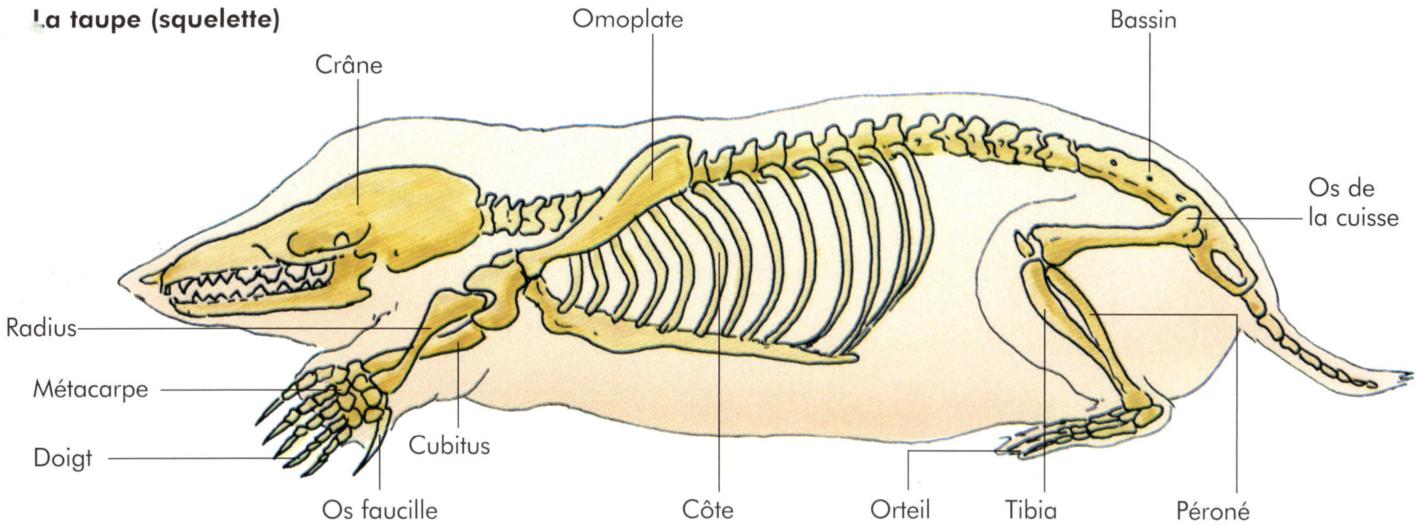

forment les taupinières dans les jardins.

Selon la plus ou moins grande fermeté du sol, la taupe peut creuser une galerie à la vitesse de 5 à 10 m à l'heure.

La nourriture de la taupe se compose essentiellement de vers de terre, d'insectes et de leurs larves, qu'elle trouve sous terre. Avec son excellent odorat, elle les repère facilement. De nuit, elle monte parfois à la surface du sol pour y capturer escargots et autres petits animaux. Les souris sont un mets bienvenu.

En raison de son travail de sape, qui exige beaucoup d'énergie, la taupe a besoin de grandes quantités de nourriture. Elle mange quotidiennement à peu près l'équivalent de son poids, voire quelquefois le double ou même dans certains cas le triple.

L'approvisionnement en eau potable est assuré simplement puisque, à proximité de son terrier, la taupe, prévoyante, creuse des fosses qui se remplissent d'eau de pluie.

Chaque taupe possède son propre territoire. Si un autre animal pénètre dans son réseau de galeries, il n'est pas rare qu'ils se combattent jusqu'à la mort. La lutte dure jusqu'à ce qu'il n'y ait qu'un seul survivant. Le vainqueur dévore alors ensuite sa victime.

Au début de l'hiver, la taupe s'enfonce plus profondément dans la terre, à l'abri du gel. Afin de survivre à cette période, elle se prépare une provision de vers dont elle paralyse le système nerveux par une morsure.

Outre l'homme, la taupe a d'autres ennemis, plus particulièrement, certains mustélidés comme le putois, mais surtout des oiseaux de proie comme le faucon, la buse, la chouette, mais aussi la cigogne etc.

Cependant, la taupe reste encore un animal qui est utile aux êtres humains car en détruisant les souris et les larves d'insectes, elle en limite la prolifération.

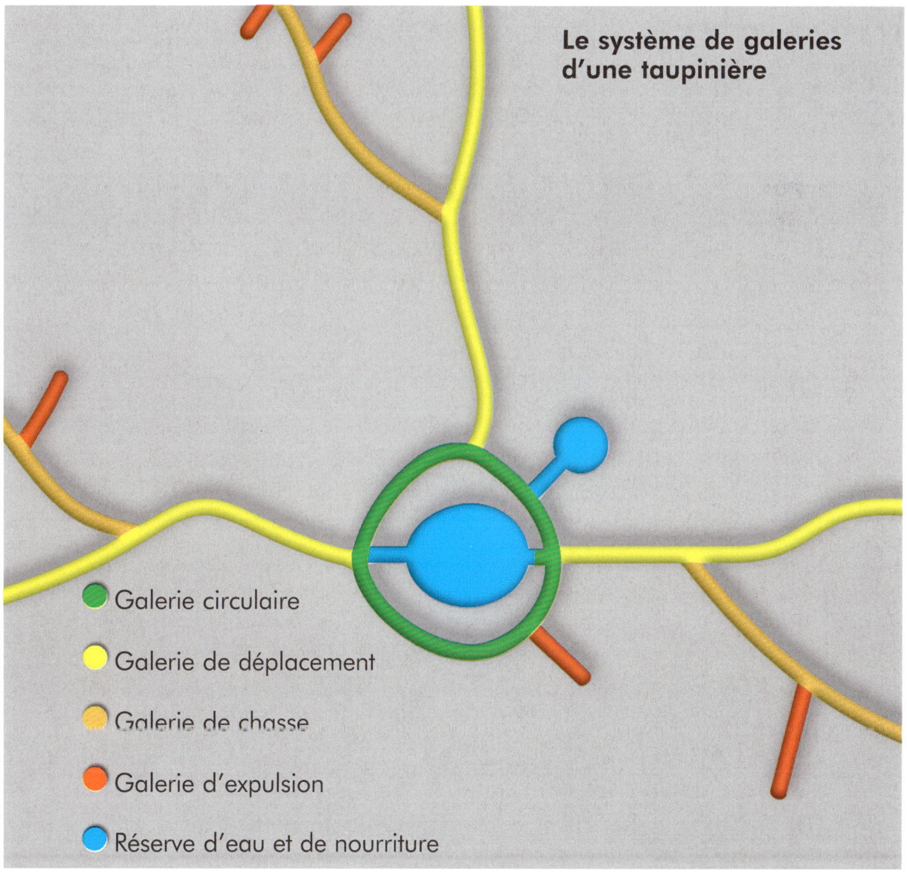

Le hérisson

Le hérisson
Aires géographiques :
Europe, Asie et Afrique
Espaces de vie :
Forêt de feuillus et d'essences mélangées, bocage et champ

Le hérisson est un animal nocturne appartenant à l'ordre des insectivores. On le trouve en Europe (exceptés les pays les plus froids), en Asie et en Afrique.

Il a un corps arrondi d'environ 30 cm de longueur, pèse 1 200 g et porte un manteau de piquants. Ses pattes sont courtes, de même que sa queue. Son territoire est constitué par les haies, les jardins et les lisières des forêts aux nombreux et denses buissons. Il s'installe dans d'anciens terriers de lapins ou des arbres évidés sur une couche qu'il rembourre avec de la mousse et des feuillages et où il dort durant la journée.

La nuit, le hérisson part en expédition à l'intérieur de son territoire, qui s'étend sur quelques centaines de mètres. Doté d'un museau bien pointu, il recherche des escargots, des vers, des coléoptères ou de jeunes souris. Un hérisson ne craint pas non plus les vipères. Si ce serpent l'attaque, le hérisson s'enroule en un éclair sur lui-même. Si le hérisson réussit à mordre l'épine dorsale du serpent venimeux, il peut le dévorer dans sa totalité. Si la vipère le mord à la tête, le hérisson perd la bataille, empoisonnée par le venin du serpent. Un hérisson ne craint ni les guêpes ni les piqûres d'abeille.

Lorsque, à l'automne, la nourriture devient rare, le hérisson se retire dans son abri chaudement rembourré et sombre dans une hibernation longue et profonde. Durant cette période, il dépense les réserves de graisse amassées auparavant.

Après un accouplement qui a lieu entre avril et juin, la femelle hérisson met bas de cinq à huit petits qui sont d'abord allaités durant quatre semaines, mais qui, par la suite, l'accompagnent dans sa recherche de nourriture. Si un petit perd le contact, il émet un sifflement et sa mère le ramène à elle. Au bout d'environ deux mois, les petits doivent s'assumer seuls et sont chassés du nid.

Les ennemis du hérisson sont le chien, le renard et le putois. La plupart du temps, le hérisson parvient à se mettre en boule assez vite. Ils n'ont alors plus aucune occasion pour le blesser. Cependant, on a déjà remarqué que le hérisson pouvait être prudemment poussé dans une flaque d'eau où il se déroulait à nouveau et ne pouvait plus alors échapper à son prédateur.

Comme le hérisson détruit de nombreux animaux nuisibles, il fait partie sous nos latitudes des espèces naturelles protégées.

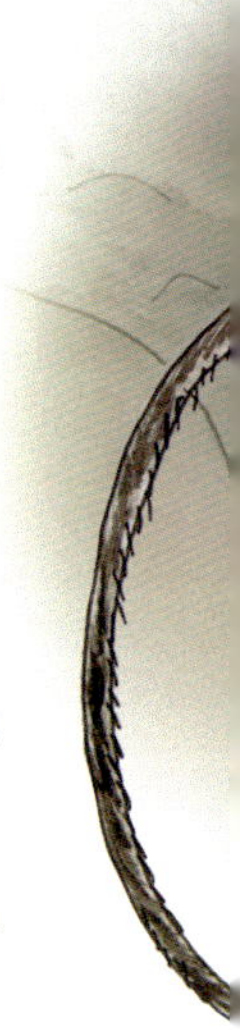

Les musaraignes

Les musaraignes ne sont pas apparentées aux souris, mais font partie des insectivores. Elles vivent presque partout, à l'exception de l'Australie, de la Nouvelle-Zélande et d'une partie de l'Amérique du Sud. Ce sont des

La musaraigne carrelet

Aire géographique : **Afrique australe**
Espace de vie : **Zones humides en lisière des forêts et des talus**

Les musaraignes sont des animaux très vifs. Leur métabolisme est bien supérieur à celui des autres animaux. C'est ainsi que leur cœur bat à une fréquence allant jusqu'à 1 200 battements par minute. De nombreuses variétés de musaraignes mettent en fuite leurs ennemis naturels en émettant des déjections nauséabondes.

animaux vifs qui cherchent jour et nuit leur nourriture, en ne faisant que peu de pauses.

Elles dépensent tant d'énergie qu'elles doivent manger tous les jours l'équivalent de leur poids.

Outre les vers, les escargots et les souris, les musaraignes mangent aussi des insectes et de petits animaux.

Les musaraignes se fient à leur odorat et à leur ouïe car elles ne voient pas très clair. Elles repoussent leurs ennemis, comme par exemple, les autours ou les chouettes grâce à une sécrétion glandulaire malodorante.

Quelques espèces de musaraignes passent même pour manger leurs propres sécrétions et celles d'autres animaux.

La musaraigne aquatique, qui vit également en Europe, sait nager et plonger. Elle se nourrit principalement d'insectes aquatiques, de petits poissons et de têtards.

La musaraigne aquatique
Aire géographique :
Presque toute l'Europe
Espace de vie : **Berges**

Les macroscélidés

Macroscélidés
Aire géographique : **Namibie et Afrique australe**
Espace de vie : **Plaines, falaises**

À l'instar des autres insectivores, les macroscélidés possèdent également un museau allongé en forme de trompe. C'est grâce à lui que ces animaux, dont la taille peut atteindre celle d'un rat, chassent les insectes et autres petits animaux de tout genre. Mais on a déjà aussi observé des macroscélidés se nourrissant d'herbe.

En outre, ce sont d'excellents sauteurs grâce à leurs pattes arrière, longues, minces et tendineuses, qui sont également plus longues que les pattes avant. Cette constitution caractéristique est particulièrement développée chez une variété africaine.

Sans leur trompe typique, on pourrait les prendre pour un rat des sables. Mais toutes les autres variétés de macroscélidés sont également d'excellents sauteurs. En cas de danger, certains frappent le sol de leurs pattes pour alerter leurs congénères.

À la différence du rat des sables, le rat à trompe s'adapte à de nombreux milieux naturels : de la savane à la forêt tropicale humide et sous toutes les zones climatiques intermédiaires. Ces animaux originaires d'Afrique de l'Est sont peu actifs pendant la journée.

La plupart échappent aux intenses chaleurs en se réfugiant dans des tanières souterraines et ne remontent à la surface qu'au crépuscule. Toutes les variétés sont de couleur plus ou moins brun et de ce fait, difficiles à différencier.

Les rongeurs

CHAPITRE 5

Parmi les 5 000 espèces de mammifères vivants, près de 3 300 font partie des rongeurs. Ces derniers sont répandus sur toute la Terre et dans tous les milieux. Certains vivent dans les forêts et les steppes, d'autres dans les montagnes. On les trouve sur le sol ou dans les arbres et aussi dans l'eau.

Les rongeurs sont facilement reconnaissables à leur dentition : les mâchoires supérieure et inférieure comportent chacune, à côté des autres dents, deux fortes dents en forme d'arc, nettement plus grandes que les autres dents de la mâchoire. Inclinées sur les côtés, elles n'ont pas de racines et continuent à pousser durant toute la vie de l'animal. Chez les rongeurs, les canines sont complètement inexistantes. Un espace sépare les molaires des incisives.

Les rongeurs ont des organes des sens bien développés et ce sont surtout l'odorat et l'ouïe qui sont prépondérants. Quelques espèces percevraient même les ultrasons (souris).

Quelques rongeurs nous fournissent des fourrures (chinchilla, ragondin et rat musqué), d'autres sont utilisés pour la recherche (rats, souris blanches, cobayes). Les rongeurs sont dit-on des animaux nuisibles et on sait qu'ils sont vecteurs de différentes maladies. Certains d'entre eux séjournent dans les greniers à grain ou vivent à proximité de l'homme dans les maisons ou les canalisations. S'ils n'avaient pas un nombre infini d'ennemis parmi les mammifères et les oiseaux, ils domineraient et anéantiraient la Terre en raison de leur très grande capacité de reproduction.

Parmi les diverses espèces de rongeurs, on compte, entre autres, les sciuridés les hamsters, les castors, les souris, les porcs-épics, les cobayes, les chinchillas, etc.

Les souris

La famille des souris, avec 1 300 espèces réparties en plus de 280 genres, est l'espèce la plus répandue parmi les rongeurs. La plupart des espèces sont originaires des pays tropicaux (Asie du Sud-Est, Australie, Afrique). Sous les latitudes tempérées, on trouve aussi de nombreux genres, dont font partie entre autres les rats, les campagnols des bois, les souris communes et les souris naines.

Les souris vivent essentiellement dans les greniers, les jardins et les champs. Les rats séjournent fréquemment dans les caves, les égoûts et les dépôts d'ordures. La nourriture des souris est principalement de nature végétale. C'est surtout de nuit que ces animaux sont actifs. Ils rongent alors toutes sortes de substances comestibles. Ce sont les mammifères les plus féconds de la planète : les souris mettent au monde, à quelques semaines d'intervalle, un grand nombre de petits qui, eux-mêmes, deviennent assez rapidement sexuellement matures.

Le campagnol
Aire géographique : **De l'Europe du Nord à l'Asie**
Espaces de vie : **Champs et lisière des bois**

La souris commune

Aire géographique : **Monde entier**
Espace de vie : **Milieu ouvert dans le voisinage des êtres humains**

La souris commune

Partout où résident des hommes, on rencontre également la souris commune. Avec son pelage gris et sa petite oreille sans poil, son aspect extérieur la rend sympathique. Son museau est assez pointu. Elle possède des poils tactiles sur la lèvre supérieure.

De plus, sa longue queue, garnie d'écailles cornées, la distingue du campagnol, dont la queue est beaucoup plus courte. La souris mesure jusqu'à 24 cm de long (queue comprise).

Les souris communes occupent toutes les parties des logements des êtres humains et des dépendances. Elles nichent dans le moindre recoin ou la moindre fente.

Animal nocturne ou crépusculaire, la souris commune dispose de bons yeux et d'une ouïe très fine.

Elle dispose également d'un odorat sensible qui lui est précieux pour trouver sa nourriture. La souris pénètre alors par les planchers et les portes pour s'approcher des provisions de la maisonnée. Elle mange tout ce qui est comestible. Elle se nourrit de préférence des aliments sucrés, de fromage, de fruits, etc. Si elle flaire ces derniers, elle ne craint pas non plus de s'attaquer plusieurs nuits de suite à la même porte jusqu'à ce qu'elle ait fini par la ronger. Elle emporte surtout les friandises appétissantes dans sa cachette et s'y constitue des provisions.

Les souris communes sont d'excellentes grimpeuses. Elles sont aidées en cela par les fortes griffes qu'elles ont à l'extrémité de leurs quatre pattes fines et par leur longue queue. Elle court rapidement sur le sol sans oublier de se dresser de temps à autre pour regarder de tous côtés si un danger la menacerait. Ensuite, elle se baisse à nouveau pour aussitôt reprendre sa course ou retourner dans sa cachette.

La souris sait également nager. Cependant, elle n'entre dans l'eau qu'en cas d'extrême urgence. Les souris se reproduisent à un rythme effréné. Cinq à six fois par an, elles mettent au monde de quatre à huit petits 22 à 24 jours après l'accouplement. Les minuscules souriceaux vivent d'abord dans un nid fait de papier, de tissu ou de matières similaires. Les petits atteignent rapidement l'âge adulte.

Chaque famille de souris a son propre domaine. Les envahisseurs sont chassés ou tués. Ils sont immédiatement détectés à leur odeur.

Le pire ennemi de la souris commune est le chat. Dans les vieux bâtiments, les chouettes aident aussi, quelquefois, à capturer les souris, de même que dans les zones rurales, les putois et les hérissons. L'homme essaie de combattre les souris au moyen de pièges ou en déposant du poison.

Le campagnol et la souris naine sont apparentés à la souris commune.

Le rat

En général, les rats sont plus grands que les souris. Ils atteignent jusqu'à 30 cm de longueur et se distinguent des souris par leur mode de vie.

Le rat commun est déjà présent en Europe depuis longtemps. Il a été nommément cité pour la première fois au XIIe siècle. Il est d'origine asiatique. Les rats communs atteignent 20 cm de longueur, leur queue atteint également cette longueur. Leur pelage est noirâtre, d'une teinte un peu plus claire sur le ventre.

Jusqu'au XVIIIe siècle, le rat commun ocupait seul l'Europe jusqu'à l'arrivée du surmulot. Depuis, ces animaux, un peu plus grands, ont pris le dessus, démographiquement parlant. Ils sont sans doute originaires d'Asie centrale. Ils seraient parvenus en Europe en grand nombre en 1727 à la suite d'un tremblement de terre. Peu après, ils sont arrivés en Angleterre sur des bateaux en provenance des Indes orientales et ont envahi toute l'île.

Les surmulots ont un pelage allant du gris brun au jaune brun dans la partie supérieure du corps et de la queue, la partie inférieure étant d'une couleur gris blanc. Alors que l'on rencontre plutôt les rats communs dans les greniers à céréales, les granges ou les combles, les surmulots vivent en préférence dans les égoûts, les caves humides et voûtées, sur les berges des fleuves, dans les dépôts d'ordures, etc.

Ils mangent tout ce qui est comestible. Ce qu'ils ne peuvent pas dévorer est réduit en miettes puis rongé.

Les rats sont de bon nageurs. Ils parviennent ainsi facilement sur les navires, ce qui contribue à leur forte propagation. Les surmulots savent aussi parfaitement plonger. Il est même déjà arrivé que des rats capturent sous l'eau et dévorent des canetons qui nageaient à la surface. Chez les rats, l'aptitude à l'escalade est aussi impressionnante. Même des cloisons quasi lisses ne représentent pas pour eux un obstacle insurmontable.

Les surmulots sont encore plus féconds que les hamsters dorés. Tous les 45 jours, environ vingt petits sont mis au monde. Ces derniers atteignent leur maturité sexuelle au bout de dix à douze semaines.

Le surmulot

Aire géographique : **Monde entier**
Espace de vie : **À proximité des hommes**

Le capiaye

La famille des rongeurs géants ne compte qu'une espèce, le capiaye ou cochon d'eau (capybara). C'est le plus gros des rongeurs vivants actuellement. Avec un corps long de 1 m, il peut peser jusqu'à 50 kg. Il est d'allure très pataude et sa forme et les soies de son corps rappellent les cochons vivant en Europe.

On trouve le capiaye dans les forêts proches de zones humides et dans les marécages d'Amérique latine. Il passe la plus grande partie de la journée dans l'eau. Il nage et il plonge très bien. Ses orteils sont reliés par de petites palmures. Il se nourrit de plantes terrestres ou aquatiques. C'est une des raisons pour laquelle ses molaires s'usent fortement, mais comme elles poussent en permanence, cela compense leur usure.

Ils sont actifs principalement au petit matin et dans la soirée. Dans certaines contrées, ces animaux se sentaient constamment dérangés et ne partaient chercher de la nourriture que de nuit.

La femelle et le mâle ont à peu près la même taille et le même aspect. Sur son nez, le mâle a une glande sudoripare plus grosse que celle de la femelle. Les capiayes préfèrent être en compagnie les uns des autres.

Au printemps, après l'accouplement, la femelle met au monde deux petits bien développés au bout d'une gestation qui dure de seize à dix-huit semaines.

Le capiaye (ou capybara)

Aire géographique : **Du Panama à l'est de l'Argentine**
Espaces de vie : **forêt et zone humide**

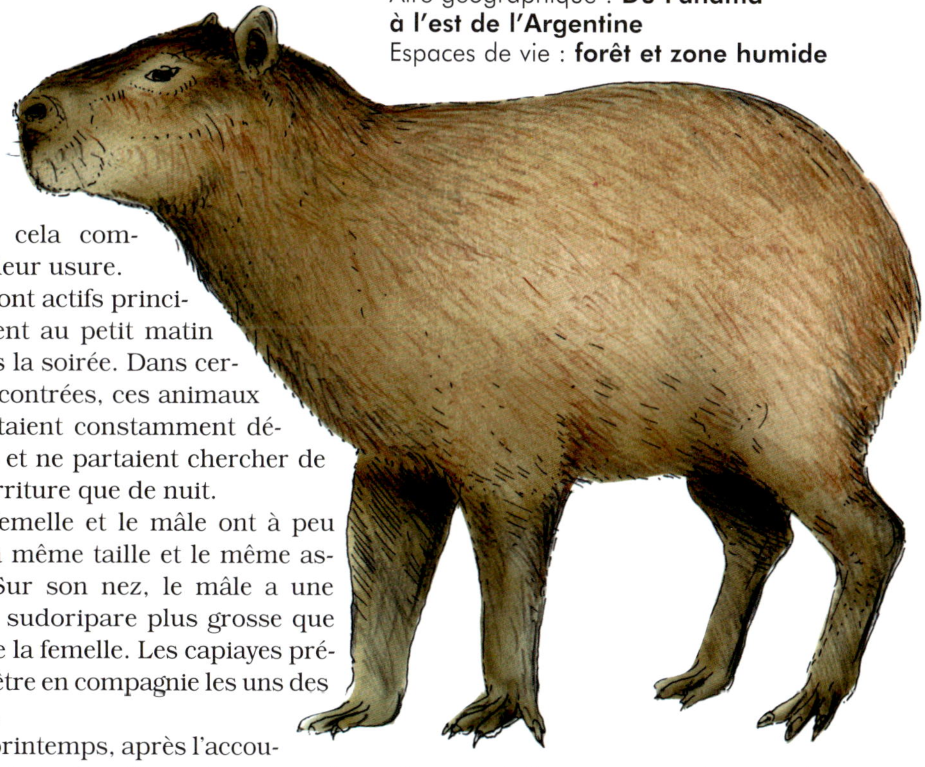

Les sciuridés

Les sciuridés sont des rongeurs qui habitent toute la planète jusqu'à l'Australie. La famille des sciuridés comprend environ 280 espèces. Parmi celles-ci, on distingue les sciuridés terrestres, les arboricoles et les écureuils volants.

Les sciuridés terrestres ressemblent, la plupart du temps, à des écureuils ou à des hamsters. Ce sont des animaux sociables qui coexistent dans de vastes groupes. Parmi les diverses espèces, on trouve les marmottes, beaucoup plus grandes. Elles ont un corps trapu et existent, sous différentes espèces, en Amérique du Nord, en Asie et en Europe, dans les Carpates et les Alpes. Les chiens de prairie d'Amérique du Nord font aussi partie des sciuridés terrestres.

La marmotte d'Amérique

Aires géographique : **Amérique du Nord, Asie et Afrique**
Espaces de vie: **prairie et bush**

Le sciuridé arboricole est représenté par plus de 200 espèces dans de vastes parties de l'Asie, en Europe, en Afrique et en Amérique du Nord et du Sud. Ces animaux sont d'excellent grimpeurs. Étant arboricoles, ils vivent dans les creux des arbres ou construisent leurs nids avec de la mousse ou des brindilles. Dans les zones froides et tempérées, ils font de grandes provisions de noix, de pommes de pin, etc. pour la saison froide. Au cours de l'hiver, une grande partie de ces animaux hiberne. Ils ne se réveillent que rarement pour manger leurs provisions. L'écureuil qui vit en Europe est un sciuridé arboricole typique.

L'écureuil volant se retrouve en Asie, en Amérique du Nord, en Scandinavie et en Sibérie. La particularité des écureuils volants réside dans leur membrane qui, durant le vol, se déploie entre les pattes avant et arrière de l'animal.

L'écureuil

L'écureuil, aussi appelé chaton des chênes, fait partie, comme tous les sciuridés, du vaste groupe des rongeurs. Ce sciuridé arboricole vit en Europe et dans de vastes parties de l'Asie.

Cet animal, long de 20 à 24 cm, a un grand museau et de grands yeux avec lesquels il peut même distinguer les couleurs. Le pelage est brun et soyeux, la queue, longue de 15 à 20 cm, très touffue. C'est un animal vif qui grimpe dans les arbres en un éclair. Sa nourriture de base se compose de pommes de pin, de champignons, de noix et de fruits.

L'écureuil (squelette)

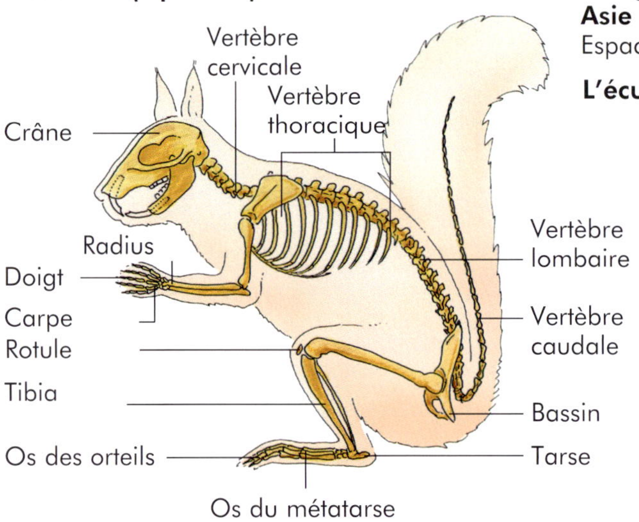

Aire géographique : **Europe, Asie du Nord**
Espace de vie : **Forêt permanente**

L'écureuil (anatomie)

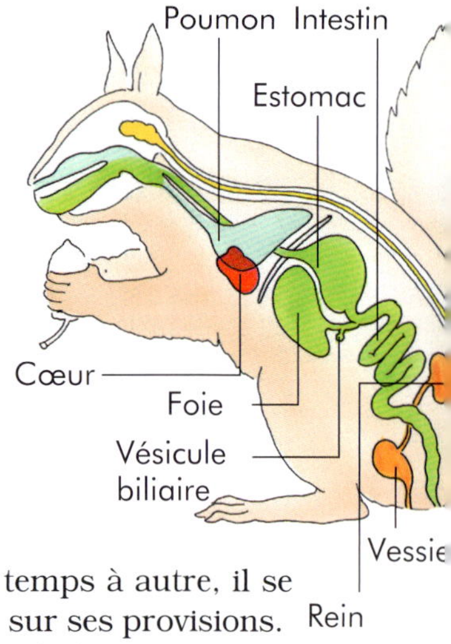

Les nids des écureuils sont construits à partir de brindilles et de mousse rassemblés dans les creux des arbres. Durant l'été, l'écureuil y accumule des provisions car en hiver, il hiberne là. De temps à autre, il se réveille et se jette sur ses provisions.

Les petits sont également mis au monde dans des nids construits dans les arbres. Selon le climat, il peut y avoir deux portées dans l'année, avec à chaque fois généralement trois petits. Outre notre écureuil, l'écureuil gris a été introduit au début de ce siècle en Angleterre, en provenance d'Amérique.

La marmotte

La marmotte a un corps trapu et vit dans des terriers. La marmotte alpine, qui, désormais, existe également en Forêt-Noire, mesure environ 65 cm de long (longueur de la queue : 13 cm) et 18 cm de haut. Selon la saison, elle pèse de 2 à 3 kg, au printemps, et de 3,5 à 5,5 kg, à l'automne). Son pelage est épais ; il est composé de poils courts laineux et de plus longs rêches.

La marmotte
Aire géographique : **Amérique du Nord, Asie, Carpathes et Alpes**
Espace de vie : **Terrier**

La marmotte alpine aime le soleil et creuse des terriers. Les uns sont petits, rudimentaires et destinés à l'été. Les autres, plus profonds, sont prévus pour une longue hibernation. Ces grandes cavités sont garnies de foin et d'herbe et servent de refuge à des familles entières. Durant l'été, les terriers se trouvent juste à la limite des neiges éternelles, durant l'hiver, l'animal descend vers la vallée. Les marmottes ont des dents pointues avec lesquelles elles arrachent les plantes. Elles se dressent alors sur leurs pattes arrière et les tiennent avec leurs pattes de devant pour les réduire en petits morceaux. Il est rare qu'elles boivent de l'eau et quand c'est le cas, elles en boivent d'une seule traite de grandes quantités.

En automne, les marmottes se rassasient de nourriture avant de tomber en hibernation pour une durée pouvant aller jusqu'à huit mois. Auparavant, des amoncellements de plantes sèches sont transportés dans le terrier pour qu'il y fasse chaud en hiver. Dès que la saison froide approche, les animaux se blottissent les uns contre les autres et tombent en léthargie.

Les battements de cœur et la fréquence de la respiration diminuent alors très fortement. La température corporelle s'adapte à l'environnement. S'il se met à faire plus froid, les rythmes cardiaque et respiratoire augmentent pour éviter tout risque de gelure. Autant les marmottes entrent grasses et bien nourries dans leur léthargie hivernale, autant elles se réveillent amaigries et affaiblies. Quand les réserves de graisses sont insuffisantes, beaucoup d'entre elles meurent malgré tout. Ce sont surtout les jeunes qui sont touchées. Au printemps, elles doivent souvent faire de longs trajets pour retrouver les premières herbes.

Durant la période des accouplements, au printemps, la femelle aménage un recoin douillet dans son terrier et y demeure après l'accouplement. Au bout de cinq semaines environ naissent de un à sept petits aveugles et sans poils. Au bout de quelques jours, il leur pousse un premier pelage très sombre.

Les petits sortent pour la première fois à l'air libre au bout d'environ quarante jours. Ils se mettent ensuite immédiatement à la recherche de nourriture solide. À la fin de l'été, ils ont adopté la couleur du pelage de leurs géniteurs. Ils n'atteignent leur taille définitive qu'au bout de deux ans.

Le chien de prairie

Le chien de prairie, de la famille des rongeurs, vit en Amérique du Nord. Il est beaucoup plus petit que les marmottes d'Europe. Le chien de prairie ne doit pas son nom à une quelconque ressemblance avec les chiens, mais les anciens chasseurs de fourrure l'ont ainsi appelé à cause des jappements qu'il émet lorsqu'il est en danger.

Les chiens de prairie vivent en communautés géantes de centaines, voire de milliers d'individus. Ils ont un corps trapu et une grosse tête. Leur queue est courte et couverte de poils touffus. Leur dos est coloré de rouge brun, de gris et de noir, la partie inférieure du corps est gris blanche. Les chiens de prairie mesurent environ 40 cm de long (7 cm pour la queue). Ils vivent dans des terriers. Les habitations des différentes familles sont reliées entre elles par un réseau de galeries. Les chiens de prairie ne se nourrissent que d'une certaine espèce d'herbe et de ses racines. En raison de leur prolifération démesurée, on a éliminé cette espèce au poison ou avec des pièges. Ces dernières années leur nombre a diminué, mais aujourd'hui encore, il y a des colonies de plusieurs milliers d'individus.

Les chiens de prairie
Aire géographique : **Amérique du Nord**
Espace de vie : **Prairie et système de galeries souterraines**

Le castor

Le castor

Aires géographiques : **Amérique du Nord, Europe, Asie**
Espaces de vie : **cours d'eau, lac aux berges boisées**

Les castors vivent dans une grande partie de l'Europe, de l'Amérique du Nord et du Canada. Leur corps mesure environ 1 m, auquel s'ajoutent 30 cm de longueur pour la queue. Pesant jusqu'à 30 kg, ces animaux sont particulièrement adaptés à la vie aquatique.

Le castor a une forte dentition dont il se sert pour tailler les arbrisseaux à croissance rapide tels que les peupliers, les saules et les frênes.

Les arbres sont d'abord rongés. Ils tombent ensuite dans l'eau et sont transportés à la nage là où ils sont nécessaires pour la construction de la hutte ou de la digue qu'aménagent les castors. S'il n'y a pas de bois à proximité, le castor ronge aussi les arbres plus éloignés. Dans ce cas, les castors dirigent les morceaux de bois vers l'endroit adéquat en utilisant de petits canaux qu'ils ont creusés eux-mêmes. Afin de colmater leur hutte, ils utilisent des pierres, des débris végétaux et de la boue.

Pour saisir les objets, les castors utilisent leurs pattes avant, qui se terminent par des doigts préhensiles. Cependant, les pattes arrière ont de longs orteils qui sont reliés les uns aux autres par une palmure. Ils servent de rame en complément de la large queue plate.

En plus de servir de rame, cette queue sert aussi de point d'appui lorsque l'animal se tient sur ses pattes arrière.

Les castors se nourrissent surtout de plantes aquatiques et d'écorces d'arbres, mais pas du bois qu'ils ont raboté. Leur dentition, sans cesse fortement mise à contribution, ne cesse de pousser leur vie durant, comme chez tous les rongeurs. L'accouplement des castors a lieu entre janvier et mars. Après une période de gestation d'environ 105 jours, deux à quatre petits sont mis au monde.

Le porc-épic

Le porc-épic

Aires géographiques :
Afrique, Asie, Europe
Espaces de vie :
Forêt, savane

Les porcs-épics font partie des rongeurs et non des cochons, comme leur nom le laisserait penser. Ils existent sous quatre genres dans les régions chaudes d'Afrique, d'Asie et d'Europe.

Le porc-épic d'Afrique, qui est à peu près de la taille d'un blaireau, fait partie des porcs-épics proprement dits. Le porc-épic nord-africain vit en Afrique du Nord (Sahara excepté), mais on le trouve aussi en Sicile et dans le sud de l'Italie. Il y aurait déjà été introduit du temps des Romains. On trouve le porc-épic sud-africain dans les forêts et les savanes d'Afrique, du Sénégal jusqu'en Afrique australe.

Le corps du porc-épic est recouvert de poils qui sont en fait des piquants acérés. Ils se trouvent surtout sur la partie arrière de l'animal, sont de couleur noir et blanc et peuvent mesurer jusqu'à 30 cm de long. Plus bas, on trouve des piquants supplémentaires plus courts sur la queue. Autrefois, ces piquants étaient utilisés comme flèches par les indigènes.

En cas de menace, les piquants se dressent. Alors, le porc-épic se tourne, le derrière dressé, en direction de son agresseur et repousse ainsi ce dernier. Si les deux animaux entrent en contact, les piquants pénètrent profondément dans le corps de l'ennemi. Puis ils se détachent car ils ne sont pas fermement fixés, et se plantent solidement dans le corps de la victime grâce à leurs nombreux petits barbillons.

Les extrémités des piquants caudaux fournissent un avertissement supplémentaire. Ils sont creux et font entendre un bruit strident.

À part l'homme, qui le pourchasse pour sa nourriture, le porc-épic n'a que peu d'ennemis, car très rares sont les animaux qui osent engager un combat avec lui. De temps à autre, un lion ou un puma affamé tentera peut-être d'en faire sa proie.

En général, le porc-épic est un solitaire assez craintif qui vit dans des anfractuosités rocheuses ou des terriers qu'il a creusés lui-même. Il y vit pendant la journée. Ce n'est que la nuit qu'il entre en action et qu'il part à la recherche de nourriture.

Sa vision n'est pas particulièrement aiguë. En revanche, son odorat particulièrement développé l'aide à dénicher des racines, des tubercules et des fruits. Avec son ouïe remarquable, le porc-épic entend même tomber les fruits mûrs. Quand il mange, il tient la nourriture en se servant des pattes avant. Il a souvent dans son terrier des branches et des petits os à ronger ou à grignoter. C'est ainsi que les dents, qui poussent sans cesse chez les rongeurs, restent maintenues à la bonne longueur. Le porc-épic ne mange pas de viande. La reproduction des porcs-épics d'Afrique a lieu deux à trois fois par an bien que les femelles soient prêtes à s'accoupler environ toutes les cinq semaines.

À ce moment-là, la femelle se couche à plat sur le sol et serre ses piquants contre son corps. Elle évite ainsi de blesser son partenaire. La durée de gestation est alors d'environ cent jours. Par la suite, deux ou trois petits aux yeux déjà ouverts sont mis au monde.

Les nouveaux-nés ont une peau soyeuse car leurs piquants sont encore mous. Les piquants durcissent durant les heures qui suivent. Afin de ne pas occasionner de blessures, les trayons, avec lesquels les petits peuvent têter dans les semaines suivantes, sont situés sur le côté du corps. Après un court laps de temps, les petits ingurgitent aussi de la nourriture solide. Les porcs-épics sont très attentifs et très tendres à l'égard de leur progéniture.

Outre le genre des porcs-épics proprement dits, il existe les porcs-épics à crête, les porcs-épics des îles et ceux à pinceaux. Ils se distinguent surtout les uns des autres par la forme de leurs piquants.

Le lièvre

Le lièvre est un rongeur lagomorphe qui mesure environ 75 cm de long et qui habite de préférence dans les champs. Il y trouve sa nourriture préférée qui se compose de trèfles, de betteraves et de choux.

Le lièvre est un solitaire. Ce n'est que durant la période des amours que ces animaux se rencontrent dans des endroits déterminés et se disputent les faveurs des femelles. Les mâles, redressés, se battent alors entre eux avec leurs pattes avant. Comme le lièvre est un gibier très prisé, seule sa forte natalité et sa vitesse de déplacement le protègent de l'extinction. Le lapin de garenne, dont descend notre lapin domestique, présente un pelage gris brun sur le dos et blanc sur la partie inférieure du corps. Sa queue est noire et blanche.

Les lapins de garenne vivent en colonies dans des collines sablonneuses, dans des forêts clairsemées ou à la lisière des bois. Les terriers des différents couples y sont étroitement reliés les uns aux autres. Dans un terrier, on trouve souvent plusieurs sorties conduisant à la surface du sol.

Le lièvre

Aires géographiques : **Europe et Asie**
Espace de vie : **Prés et champs**

Le lièvre de garenne, mâle (anatomie)

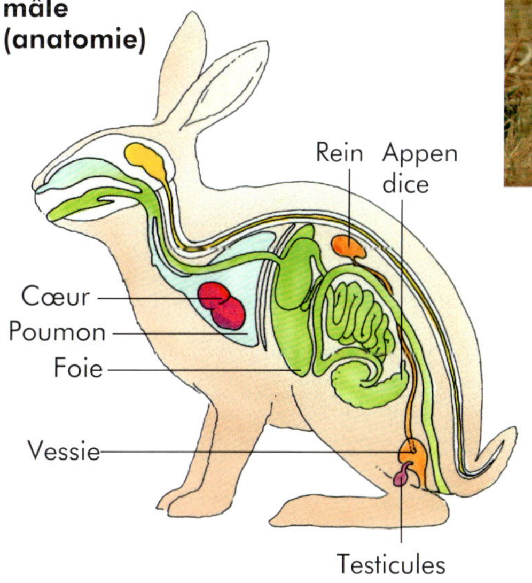

Le lapin de garenne se distingue par ses pattes arrière longues et puissantes et les pavillons étroits et allongés de ses oreilles. Son pelage est constitué de poils rêches, qui le protègent des intempéries et du froid, et d'une sous-couche laineuse chaude qui est particulièrement touffue en hiver.

Le lapin de garenne

Aires géographiques : **Europe et Asie**
Espaces de vie : **Prés et champs**

Le lapin de garenne (squelette)

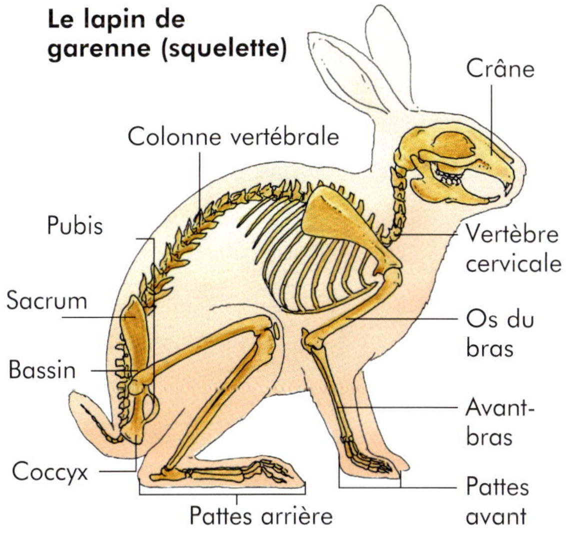

CHAPITRE 6

Les mammifères originaux

Les marsupiaux comptent parmi les plus anciens mammifères du règne animal. Leurs petits viennent certes vivants au monde, mais ils sont à ce point incapables de survivre qu'ils doivent poursuivre leur développement pendant quelques semaines dans la poche ventrale de leur mère avant de pouvoir partir à la découverte de leur monde.

Aujourd'hui, la plupart des marsupiaux se rencontrent en Australie. À l'origine, ils existaient sur tous les continents mais ils ont été éliminés au profit des mammifères modernes. C'est seulement en Amérique latine, considérée comme le berceau des marsupiaux, et en Australie, qui n'a pendant longtemps pas connu d'autres mammifères, qu'ils ont pu survivre.

Par erreur, on les a quelquefois catalogués comme « édentés », une aberration lorsqu'on sait que la plupart des espèces de marsupiaux possèdent de nombreuses dents. Seulement celles-ci sont dépourvues de racines et de dentine. Leur squelette se distingue également en partie des autres mammifères.

Les pangolins ressemblent aussi aux tatous, qui font partie des édentés. Ils possèdent en tous les cas un corps recouvert d'écailles pour protéger leur peau. On recherche en vain une dentition chez ces animaux qui en sont donc dépourvus. En revanche, on admirera leur langue longue et étroite qui, à l'exemple du fourmilier, leur permet d'attraper leurs proies en un éclair.

Les marsupiaux

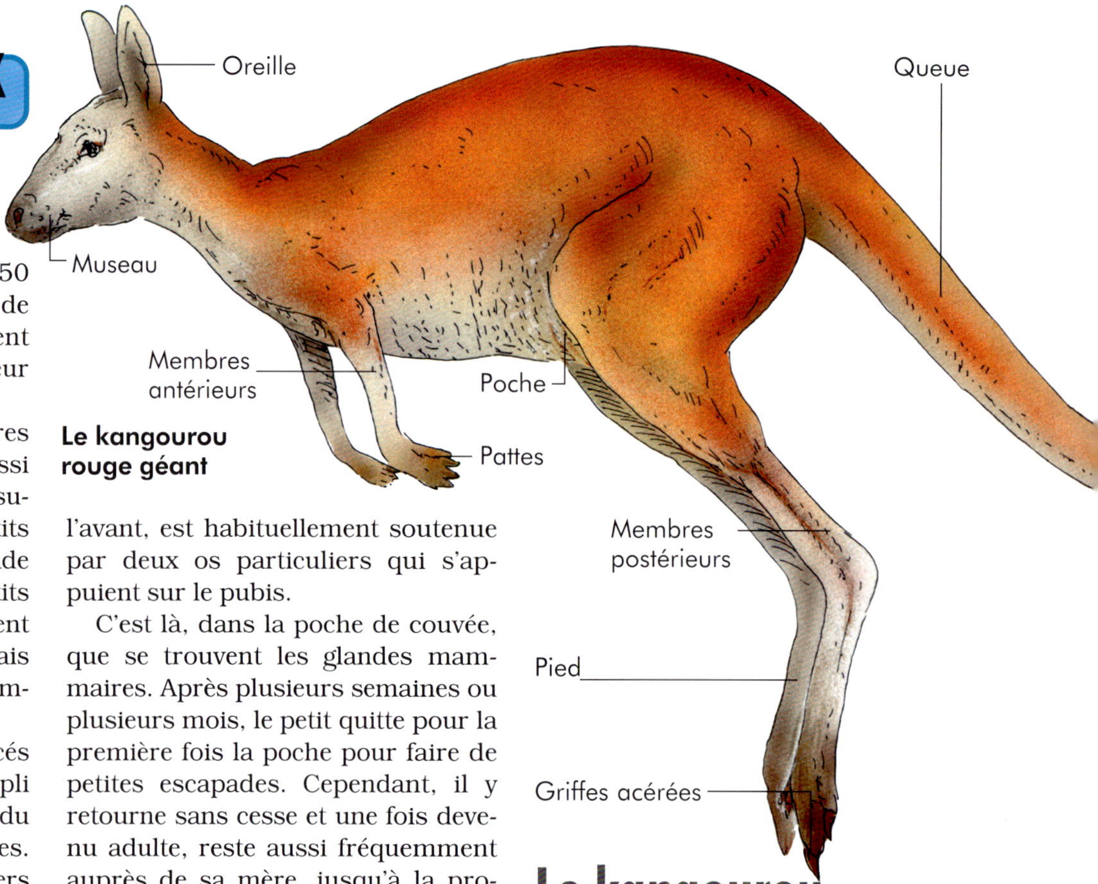

Le kangourou rouge géant

Les marsupiaux existent, avec 250 espèces, sous une grande variété de formes. Cependant, ils présentent une caractéristique commune : leur poche ventrale.

À la différence des mammifères plus évolués, que l'on appelle aussi des animaux placentaires, les marsupiaux mettent au monde leurs petits peu après l'accouplement, à un stade de développement précoce. Ces petits minuscules ne sont pas seulement sans poils, aveugles et sourds, mais en outre, la formation de leurs membres est inachevée.

Les embryons sont alors placés dans une poche cutanée ou un repli de la peau de la femelle. La plupart du temps, ils s'y rendent d'eux-mêmes. La poche, le plus souvent ouverte vers l'avant, est habituellement soutenue par deux os particuliers qui s'appuient sur le pubis.

C'est là, dans la poche de couvée, que se trouvent les glandes mammaires. Après plusieurs semaines ou plusieurs mois, le petit quitte pour la première fois la poche pour faire de petites escapades. Cependant, il y retourne sans cesse et une fois devenu adulte, reste aussi fréquemment auprès de sa mère, jusqu'à la prochaine période d'accouplement.

Si, autrefois, on croyait que les marsupiaux provenaient, à l'origine, d'Australie, les chercheurs estiment aujourd'hui qu'ils seraient originaires d'Amérique. On y a découvert des restes fossilisés datant du début du Crétacé, il y a 130 millions d'années. Ils sont apparus à peu près en même temps que les premiers mammifères plus évolués. Étant donné qu'à cette époque, l'Amérique latine et l'Australie formaient un seul bloc, les marsupiaux ont pu émigrer en Australie. Il y a plusieurs millions d'années, les marsupiaux étaient aussi présents en Europe. Cependant, ils en furent chassés par les mammifères plus évolués.

Aujourd'hui, les marsupiaux ne vivent plus qu'en Amérique du Sud (30 espèces) et en Australie (230 espèces). On les répartit en neuf familles en fonction de leur longueur, de 10 cm à 2 m. Les membres les plus connus de cette famille sont le koala, le kangourou, l'opossum et le wombat.

Le kangourou
Aires géographiques : **Australie, Nouvelle-Guinée et Tasmanie**
Espaces de vie : **Zone forestière, brousse et zone rocheuse**

Avant la naissance, la mère lèche l'intérieur et l'extérieur de sa poche. Avant que les petits n'aient atteint la taille qui leur permet de quitter la poche ventrale de la mère, ils ont pu bénéficier de cette protection pendant quelques semaines. À la naissance, les petits rampent d'eux-mêmes de la région génitale de la mère jusque dans la poche ventrale pour pouvoir enfin se nourrir aux tétines qui s'y trouvent.

Le kangourou

La famille des kangourous, qui se compose de 57 espèces, est la plus évoluée des familles de marsupiaux. Ils sont les animaux les plus connus d'Australie. On les trouve aussi en Nouvelle-Guinée, en Tasmanie et dans les îles Bismarck. Quelques espèces vivent dans les forêts, d'autres habitent les régions rocheuses arides.

Le mode de déplacement des kangourous est particulièrement remarquable. Ils se déplacent en effectuant des grands bonds sur leurs deux longues pattes arrière. La queue, longue et puissante, assure une grande stabilité et sert de point d'appui pour le rétablissement au sol.

Les membres antérieurs, moins puissants, présentent de longues griffes recourbées. Ils sont importants pour la toilette corporelle de l'animal.

En une succession de bonds d'une grande souplesse, les kangourous peuvent se déplacer à une vitesse allant jusqu'à 25 km/h. En cas de dan-

Le kangourou rouge géant (squelette)

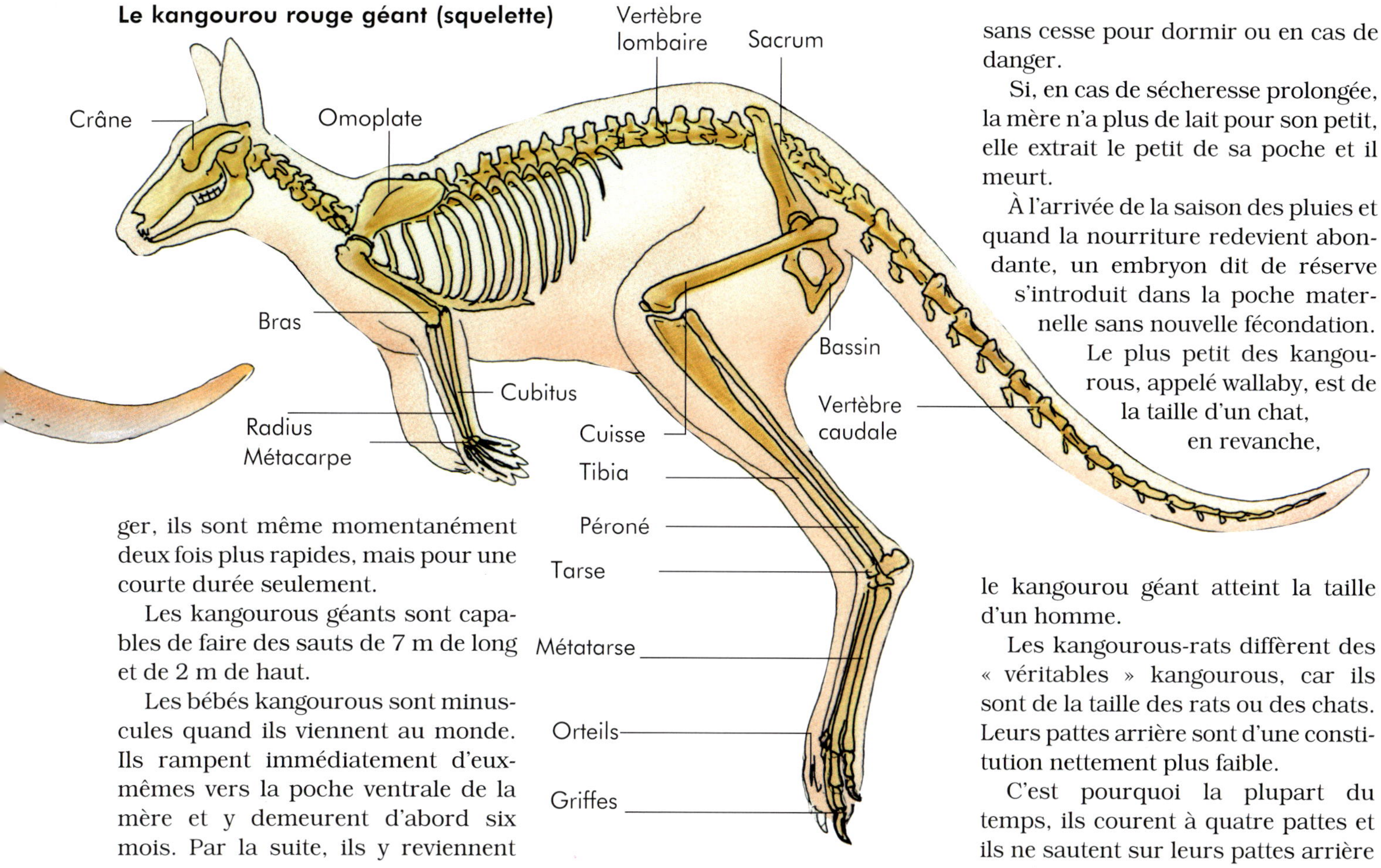

ger, ils sont même momentanément deux fois plus rapides, mais pour une courte durée seulement.

Les kangourous géants sont capables de faire des sauts de 7 m de long et de 2 m de haut.

Les bébés kangourous sont minuscules quand ils viennent au monde. Ils rampent immédiatement d'eux-mêmes vers la poche ventrale de la mère et y demeurent d'abord six mois. Par la suite, ils y reviennent sans cesse pour dormir ou en cas de danger.

Si, en cas de sécheresse prolongée, la mère n'a plus de lait pour son petit, elle extrait le petit de sa poche et il meurt.

À l'arrivée de la saison des pluies et quand la nourriture redevient abondante, un embryon dit de réserve s'introduit dans la poche maternelle sans nouvelle fécondation.

Le plus petit des kangourous, appelé wallaby, est de la taille d'un chat, en revanche, le kangourou géant atteint la taille d'un homme.

Les kangourous-rats diffèrent des « véritables » kangourous, car ils sont de la taille des rats ou des chats. Leurs pattes arrière sont d'une constitution nettement plus faible.

C'est pourquoi la plupart du temps, ils courent à quatre pattes et ils ne sautent sur leurs pattes arrière que dans les situations périlleuses.

L'opossum Aire géographique : **Amérique du Nord**
Espaces de vie : **Dans les fourrés des forêts de montagne**

L'opossum

L'opossum septentrional de Virginie est un rat marsupial faisant partie de l'ordre des marsupiaux. Il vit dans le Sud-Est du Canada, au Nicaragua et aux États-Unis. Il s'agit du marsupial le plus grand vivant sur Terre.

Cet animal atteint jusqu'à 50 cm de long et possède une longue queue épaisse. Celle-ci n'est couverte de poils qu'à la racine, le reste étant nu. On trouve l'opossum dans les arbres où il peut grimper avec agilité, grâce surtout à son pouce écarté des autres doigts avec lequel il peut s'accrocher aux branches et les serrer. Sa queue, qui peut s'enrouler, l'aide également à grimper. L'animal peut même s'y suspendre la tête en bas et rester dans cette position des heures durant.

L'opossum mange tout ce qu'il trouve. Il recherche surtout sa nourriture dans les décharges et les ordures. S'il se sent menacé par un lynx ou un chien, il fait le mort jusqu'à ce que l'ennemi ait disparu.

L'opossum met au monde, une fois par an au Canada et même trois fois par an dans des régions plus méridionales, jusqu'à plus de dix-huit petits, mais, la plupart du temps, seuls six à sept d'entre eux survivent. Ils grandissent dans une poche ventrale de la mère.

Dans le sud des États-Unis, l'opossum est bien sûr chassé pour sa fourrure mais aussi pour sa chair.

Le koala

Aire géographique : **Australie orientale**
Espace de vie : **Forêt sèche**

Le koala

Le koala est un des marsupiaux les plus connus. Il habite les arbres des forêts arides d'Australie orientale. Il ne descend sur terre que pour changer d'arbre.

Cet animal semblable à un ours en peluche, qui atteint une longueur de 60 à 80 cm, se nourrit exclusivement des feuilles de certaines espèces d'eucalyptus. En Europe, on ne le trouve dans aucun zoo car ces arbres n'y poussent pas. Un koala adulte mange jusqu'à un kg de ces feuilles par jour.

Les koalas sont la plupart du temps des solitaires qui ne se réunissent que pour l'accouplement. Certains forment aussi de petits groupes composés d'un mâle et de quelques femelles.

L'accouplement a lieu en été et un mois plus tard, un petit est mis au monde, rarement deux. Cet être minuscule ne pèse qu'un demi-gramme à la naissance. Il passe alors six à huit mois dans une poche ventrale de la mère, ouverte vers l'arrière. Plus tard, le petit est porté sur le dos. Après la phase de sevrage, il se met à manger des feuilles mâchées préalablement par la mère.

Un koala adulte pèse environ 15 kg, soit 30 000 fois plus que lors de sa naissance.

En Australie, durant les trente premières années du siècle dernier, d'immenses surfaces de forêts ont été brûlées au cours de la colonisation pour implanter des élevages de moutons. Une partie de l'environnement du koala a ainsi été détruite. En même temps, on a tué ces animaux pour leur douce fourrure argentée. En outre, une maladie sexuellement transmissible a rendu ces animaux aveugles et stériles. Alors que, en l'espace de quelques années, leur nombre était descendu à quelques milliers, de sévères mesures de protection ont contribué à la préservation de cette espèce. Le nombre des koalas augmente à nouveau petit à petit.

Le wombat

Aires géographiques : **Australie et Tasmanie**
Espaces de vie : **Prairie herbacée et forêt**

Le wombat

Les wombats sont des marsupiaux au corps massif qui ressemblent un peu au blaireau des régions tempérées d'Europe. Ils vivent en Australie, et une des espèces est présente aussi en Tasmanie. Ils fréquentent les prairies herbacées et les forêts.

Le wombat possède de longues griffes avec lesquelles il creuse des réseaux de galeries sous la terre. Il recherche en même temps des pommes de pin et des racines car il est exclusivement herbivore.

Le wombat à nez nu, dont la longueur atteint 1,20 m, creuse des galeries allant jusqu'à 15 m de longueur et qui peuvent avoir 2 m de profondeur.

À l'automne, la femelle met au monde un petit qui, dès sa naissance et durant trois mois demeure dans la poche ventrale de sa mère et est allaité par deux mamelles. Le petit reste également plusieurs mois auprès de sa mère après avoir quitté la poche.

On ne sait pas exactement si, sous terre, les wombats se réunissent en groupes ou s'ils sont de purs solitaires. Les wombats à nez nu peuvent vivre plus de vingt ans.

Édentés et tatous

Les édentés sont des mammifères très primitifs qui vivent en Amérique latine et centrale. Malgré leur nom, seuls quelques-uns d'entre eux sont édentés, le plus grand nombre d'espèces ayant jusqu'à cent dents toutefois sans émail ni racines.

Si, autrefois, des édentés de la taille des rhinocéros existaient au Brésil, on ne trouve plus aujourd'hui que des spécimens de la taille d'un loup. Les édentés sont aussi désignés sous le nom de xénarthres car ils possèdent des articulations supplémentaires entre les vertèbres thoraciques et les vertèbres lombaires. Le squelette du bassin est remarquable par les soudures qui s'effectuent entre tous les os habituellement indépendants et les vertèbres sacrées et caudales.

Le fourmilier, le tatou et le paresseux font partie des édentés.

Les pangolins sont des mammifères qui vivent en Asie et en Afrique tropicale. Ils ressemblent un peu aux tatous, mais leurs écailles se chevauchent comme celles des pommes de pin ou les tuiles d'un toit. Les écailles sont relativement grandes, fortes et mobiles.

Les pangolins sont des animaux nocturnes. Dans la journée, ils dorment dans les arbres ou dans des terriers qu'ils creusent aussi en partie eux-mêmes avec les fortes griffes dont ils disposent au bout de leurs pattes avant. Ils se nourrissent de termites et de fourmis. Avec leur langue très longue, ils les extraient de leurs nids après les avoir ouverts avec leurs griffes avant.

Le tatou

Le tatou

Aire géographique : **Amérique centrale et du Sud**
Espaces de vie: **Champs, prairie et régions semi-désertiques**

Le tatou habite l'Amérique du Sud et l'Amérique Centrale. Il s'agit d'une lourde créature de la famille des édentés, avec une tête allongée et de grandes oreilles.

Sa queue est longue et puissante ; ses pattes courtes dotées de puissantes griffes. La totalité du haut du corps et le crâne du tatou portent une carapace cornée. Elle se compose de bandes semblables à des ceintures, reliées entre elles par des plis cutanés. Ces rangées de bandes permettent de distinguer les différentes espèces. Elles peuvent consister en des plaques quadrangulaires ou hexagonales entre lesquelles sont insérées des plaques irrégulières.

Les tatous vivent en pleine nature dans les prairies et les champs. Chaque animal mène une existence solitaire. Durant la phase des accouplements, plusieurs d'entre eux se rassemblent.

Dans la journée, les tatous creusent des terriers très ramifiés.

La plupart du temps, le terrier se situe à proximité de fourmilières ou de termitières, car c'est là qu'ils trouvent leur nourriture. Ils mangent également des araignées et de petits vertébrés.

En général, les tatous se déplacent très lentement, mais si un danger menace, ils peuvent se réfugier sous terre en un éclair.

Chez les habitants d'Amérique latine, ces animaux ne sont pas très populaires. Du fait de leurs systèmes de galeries, ils causent sans cesse des effondrements de terrain quand les propriétaires se déplacent à cheval.

En règle générale, les tatous mettent deux à quatre petits univitellins au monde (exceptionnellement, ce nombre peut monter jusqu'à douze). Au bout d'une semaine, ces derniers savent courir et après trois à quatre semaines, ils cessent d'être aveugles. À l'âge de neuf mois, ils atteignent la maturité sexuelle.

D'une espèce à l'autre, la taille des tatous est très variable. L'espèce dite armadillo, qui vit sous terre et ne monte à la surface que de nuit, est à peu près de la taille des hamsters. Cette espèce est menacée d'extermination.

Le bola atteint environ 40 cm de longueur et peut se rouler en boule.

Le priodonte mesure environ un mètre et sa queue 60 cm. C'est le plus grand des tatous. Ses effectifs sont également menacés. Les tatous peuvent vivre de douze à seize ans.

Le paresseux

Les paresseux, qui font partie des édentés, sont arboricoles. Ils vivent dans les forêts primaires d'Amérique latine et centrale et méritent vraiment leur appellation car ils passent la plus grande partie de la journée à dormir. Ces animaux à l'aspect étrange se suspendent habituellement le dos en bas. Leurs quatre membres sont bien serrés les uns contre les autres, le corps est enroulé comme une boule et la tête calée contre la poitrine.

Au crépuscule, les paresseux se réveillent. Ils se propulsent alors tran-

quillement de branche en branche afin de se nourrir de jeunes pousses et de fruits. Ils boivent l'eau en léchant la rosée se trouvant sur les feuilles. Leur épaisse fourrure à poils durs est implantée, à la différence des autres mammifères, quant au sens du poil, non pas du dos vers le ventre, mais du ventre vers le dos afin que l'eau de pluie s'écoule correctement.

Les paresseux ne mettent qu'un petit au monde. Celui-ci naît déjà bien formé. Il possède alors une épaisse fourrure et des griffes et des orteils robustes. C'est ainsi qu'il s'accroche immédiatement au cou de la mère, qui, par la suite, l'emmène partout avec elle.

On distingue les paresseux biongulés avec deux orteils à chaque patte avant et les paresseux triongulés avec trois orteils.

« L'unau », un paresseux biongulé vivant dans le nord de l'Amérique latine, mesure environ 65 cm de long. Son pelage est vert olive, plus sombre vers le dos et un peu plus verdâtre sur la tête, la nuque et sur le visage.

« L'ai », un paresseux triongulé vivant au Brésil, mesure lui 60 cm de longueur. Son pelage est d'un gris rougeâtre, plutôt argenté sur le ventre.

Le paresseux triongulé
Aire géographique : **Amérique centrale et du Sud**
Espace de vie : **Forêt vierge**

Un paresseux triongulé au repos

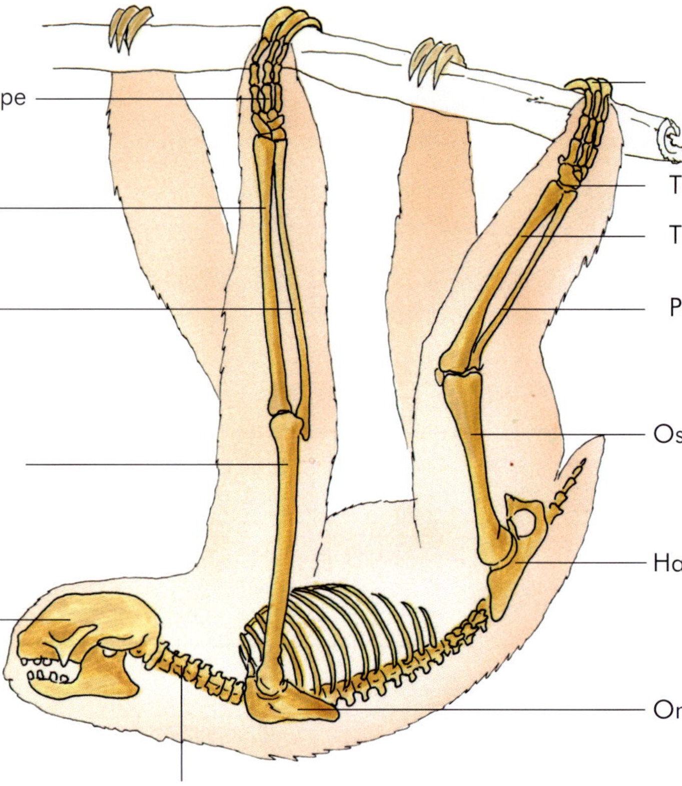

Le paresseux triongulé (squelette) au repos

Le fourmilier

Le fourmilier, de la famille des édentés, habite l'Est de l'Amérique latine. Chez lui, l'appellation « édenté » est appropriée car il ne possède pas vraiment de dentition.

Le grand fourmilier mesure jusqu'à 1,20 m et sa queue 90 cm. En revanche, un fourmilier nain n'atteint que 16 cm de long. Celui-ci est arboricole, tout comme le tamandua, une espèce de taille moyenne.

Les fourmiliers ont un corps tout en longueur avec une tête et un museau fortement allongés. Ils arborent un pelage rêche gris foncé et une longue queue en panache qui, durant leur sommeil, s'étale sur tout leur corps.

La nourriture des fourmiliers se compose uniquement de fourmis, de termites et de larves de ces deux espèces. Avec les puissantes griffes de ses pattes avant, il ouvre les tertres souvent très solides édifiés par les insectes. Dès que ses derniers sortent, il les capture avec sa langue vermiforme poisseuse qu'il peut déployer très largement vers l'avant. Ce procédé est réitéré plusieurs fois jusqu'à ce que la procession des fourmis ou des termites s'interrompe ou jusqu'à ce que le fourmilier soit rassasié.

Le fourmillier

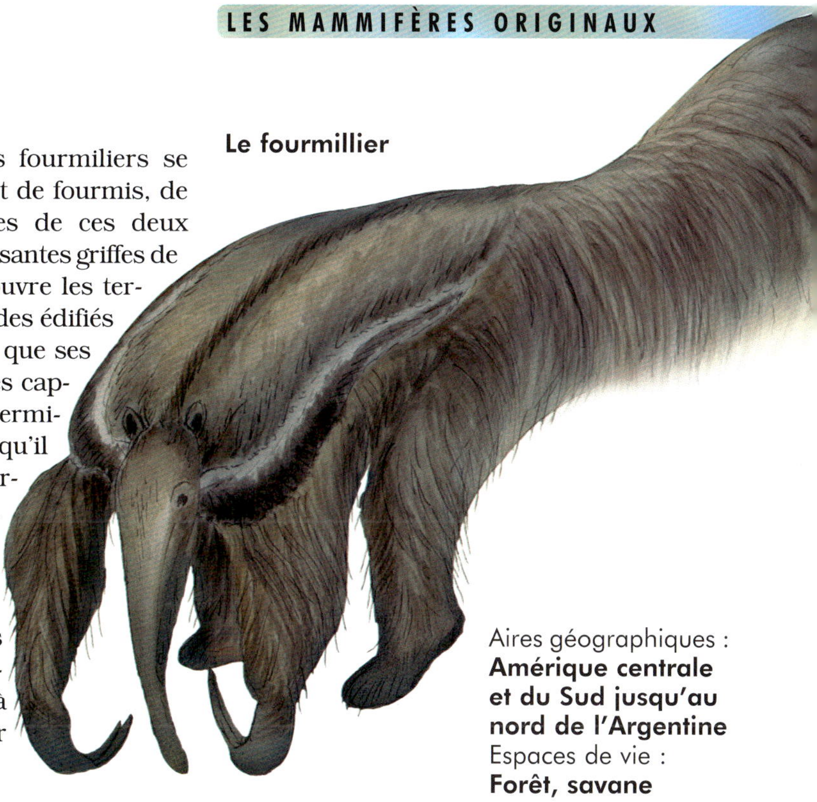

Aires géographiques : **Amérique centrale et du Sud jusqu'au nord de l'Argentine**
Espaces de vie : **Forêt, savane**

Le pangolin

Les pangolins sont des mammifères qui vivent en Asie et en Afrique tropicale. Ils ressemblent un peu aux tatous, mais leurs écailles se chevauchent comme celles des pommes de pin ou les tuiles d'un toit. Les écailles sont relativement grandes, fortes et mobiles.

Le pangolin géant d'Afrique

Aire géographique : **Afrique**
Espaces de vie : **Forêt, savane**

Les pangolins sont des animaux nocturnes qui vivent au sol. Ils sont recouverts d'une carapace d'écailles acérées et de grande taille qui se recouvrent comme celle d'une pomme de pin. Avec ses griffes puissantes, le pangolin ouvre les nids des insectes pour en dévorer les habitants à l'aide de sa longue langue de sa bouche édentée.

Les pangolins sont des animaux nocturnes. Dans la journée, ils dorment dans les arbres ou dans des terriers qu'ils creusent aussi en partie eux-mêmes dans la terre avec les fortes griffes qu'ils ont sur leurs pattes avant. Leur nourriture se compose de termites et de fourmis. Avec leur langue extrêmement longue, ils extraient ces proies de leurs nids après les avoir ouverts avec leurs griffes avant.

Le pangolin le plus grand est le pangolin géant d'Afrique. Cet animal lourd, court sur ses quatre pattes et se dresse aussi quelquefois sur ses pattes arrière, la queue servant alors de point d'appui. Cette queue sert en même temps d'arme.

Si le pangolin se sent menacé, il peut également se rouler en boule et se trouve alors entièrement protégé par ses écailles.

Le pangolin (squelette)

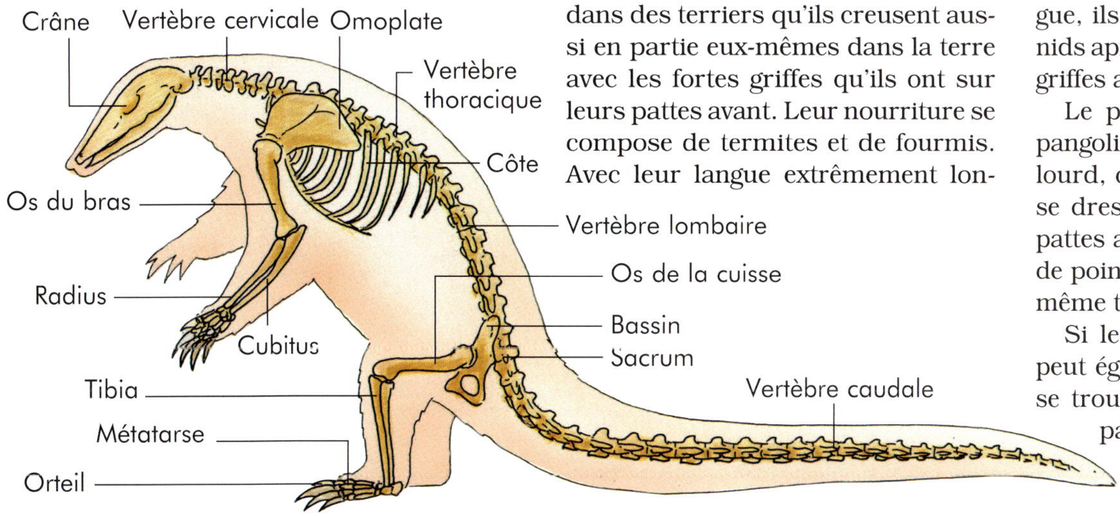

CHAPITRE 7

Les périssodactyles

Les périssodactyles, aussi appelés imparidigités, sont, avec environ sept espèces, un ordre de mammifères qui comprend les familles des chevaux, des rhinocéros et des tapirs.

Contrairement aux artiodactyles, ces animaux ont un nombre impair d'orteils, tout comme l'homme. Alors que les chevaux, les ânes et les zèbres n'ont qu'un sabot à chaque pied, les rhinocéros ont, à l'avant et à l'arrière, trois orteils par pied. Les tapirs ont quatre orteils à l'avant et trois orteils à l'arrièrc. Chcz toutcs ccs cspèccs, c'cst toujours l'orteil du milieu qui est le plus fortement développé.

Outre de nombreuses races de chevaux, les ânes, les mulets et les zèbres font également partie de la famille des équidés.

Les équidés

Le cheval, qui fait partie des périssodactyles, vivait, sous sa forme la plus ancienne, il y a déjà 50 millions d'années. À l'époque, il était cependant de la taille d'un lièvre. Il n'avait alors pas de sabots comme aujourd'hui, mais plusieurs orteils qu'il pouvait écarter les uns des autres. Sous le climat tropical humide de ce temps, il se déplaçait facilement sur un sol meuble sans s'y enfoncer.

Lors de fortes modifications climatiques, de vastes régions devinrent arides. De nombreuses espèces de chevaux disparurent il y a 3 millions d'années. D'autres se sont imposées et se sont développées pour devenir ces espèces rapides qui vivent dans les steppes. En font partie, outre nos diverses espèces chevalines, les bardots, les ânes, les mulets et les zèbres.

Le mulet
Aires géographiques : **Afrique du Nord, Europe du Sud, Chine, Amérique latine**
Espace vital : **Végétation pauvre**

Il y a environ 10 000 ans, les chevaux sauvages primitifs, d'abord apparus en Amérique du Nord, se sont répandus dans toute l'Amérique, en Asie, en Europe et en Afrique du Nord. C'est alors que se sont développés divers types qui se sont adaptés aux conditions respectives. Plus tard, nombre d'entre eux ont été transformés en chevaux domestiques. Les chevaux sauvages ont peu à peu disparu en Europe après le VIIIe siècle. Le petit cheval sauvage de Mongolie vit encore aujourd'hui dans les steppes d'Asie centrale.

Le cheval

Aire géographique : **Domestiqué dans le monde entier**
Espace vital : **Zone herbeuse**

Notre cheval actuel possède un corps élancé et de longues pattes. Sa tête allongée présente deux grands yeux, de larges narines, les naseaux, et des lèvres très mobiles. Les pavillons d'oreille en forme de sacs s'ouvrent au moindre bruit et peuvent se mouvoir dans tous les sens. Sur le cou se trouve une crinière, sa courte queue est prolongée par de longs poils et sert à repousser les taons ou les mouches.

La nourriture d'un cheval est purement végétale. Il broute l'herbe des prés et est nourri dans son écurie avec de l'avoine, du foin, etc.

Le cheval mâle est appelé étalon et le cheval femelle jument. Une fois par an, celle-ci met au monde un petit, le poulain.

Le cheval

Notre cheval domestique descend des chevaux sauvages qui vivaient autrefois en troupeaux dans les steppes. Il a été utilisé très tôt comme bête de somme. Ce n'est qu'au Moyen Âge qu'il a pris de l'importance comme animal de selle.

Tout comme un chien, il entretient un rapport étroit avec l'homme, obéit aux appels ou aux pressions de la cuisse et sait également bien distinguer les reproches des compliments. Même après plusieurs années, il reconnaît son maître.

Selon sa couleur, on distingue les bais, les moreaux, les alezans, les blancs et les gris pommelés. Les poneys sont des chevaux de petite taille.

Le cheval (squelette)

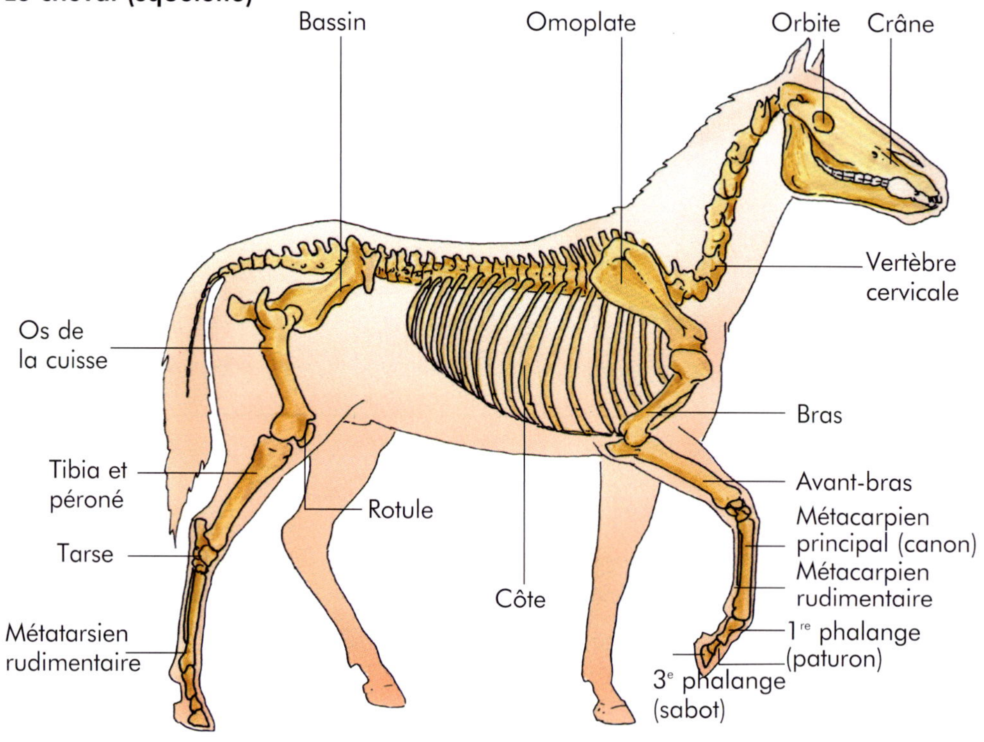

La constitution des pattes est très semblable à celle du bœuf, cependant, le cheval ne marche que sur la pointe d'un orteil très puissant. Celui-ci est entouré d'un sabot solide. Les autres orteils sont inexistants ou fortement atrophiés.

Tout comme le bœuf, cet animal est un ongulé et marche sur la plante des pieds, mais c'est un périssodactyle.

Tout comme ses ancêtres, qui prenaient la fuite à la vue des grands prédateurs, le cheval domestique est aussi craintif. On peut l'observer aux mouvements inquiets de ses oreilles et de sa queue. Si le cheval est importuné, il peut même infliger des morsures très douloureuses ou bien ruer avec ses pattes postérieures.

Le cheval se déplace selon quatre allures, le pas, le trot, l'amble et le galop. Alors qu'au pas et au trot, qui se différencient par l'ampleur de ses pas, il avance les jambes en croix de manière alternative, un mouvement au galop s'effectue par des sauts se succédant très rapidement.

La nourriture d'un cheval se compose de végétaux. Il mange de l'avoine, du foin et de l'herbe, mais aussi des betteraves, des carottes, etc. Le cheval n'est pas un ruminant, c'est pourquoi il mâche lentement et complètement sa nourriture. Outre son estomac, le cheval possède un cæcum dans lequel s'effectue une grande partie de la digestion.

Une fois par an, le cheval femelle, la jument, met au monde un poulain.

Le cheval mâle (anatomie)

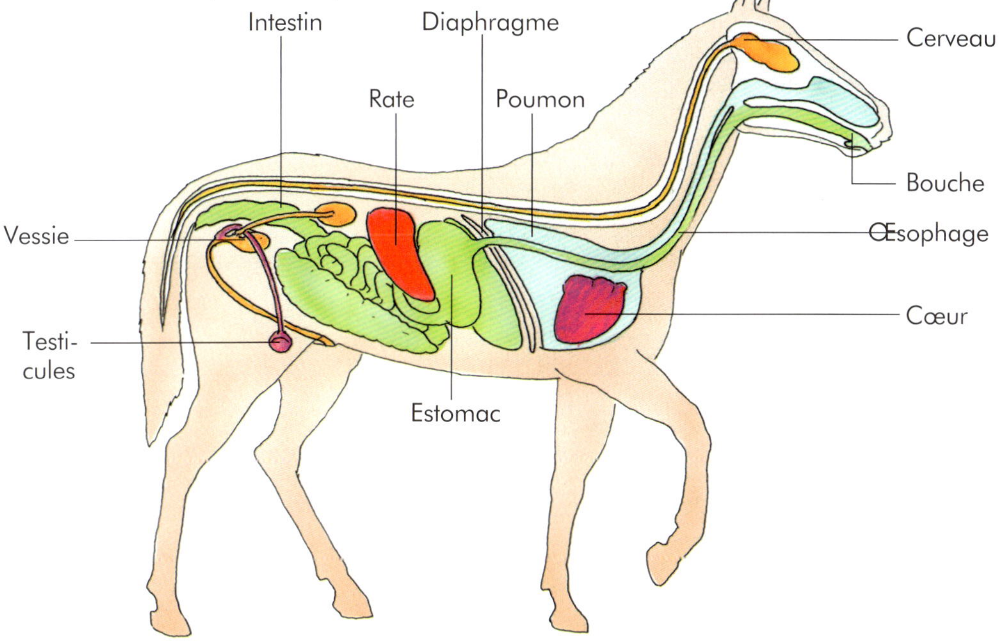

Les allures d'un cheval

L'âne
Aires géographiques : **Afrique du Nord et de l'Est**
Espace vital : **Montagne, zons semi-désertique, plaine herbeuse**

L'âne

L'âne d'Afrique, qui est considéré comme l'âne authentique est l'ancêtre de notre âne domestique. Cependant, ces deux animaux sont si différents qu'on peine à le croire.

Alors que l'âne domestique a la réputation d'être obstiné, lent et opiniâtre, l'âne d'Afrique et son proche parent, l'âne sauvage d'Asie, sont particulièrement résistants, sobres et de caractère agréable.

Le corps de l'âne sauvage d'Afrique est beau et maigre. Sa hauteur au garrot est d'environ 1,20 m. Sa grande tête a de longues oreilles étroites, la couleur de son pelage variant d'un brun très clair au gris.

Il vit en Afrique du Nord et de l'Est dans les montagnes, les régions semi-désertiques, les prairies herbeuses et dans les régions rocheuses accidentées. Il y grimpe en quête d'herbes et de plantes. Il se nourrit surtout la nuit et tôt le matin. Durant les heures chaudes de la journée, il préfère se reposer dans un endroit ombragé.

Les ânes mâles adultes (étalons) vivent seuls ou dans des petits groupes séparés. Les femelles et leurs jeunes animaux d'âges différents forment des troupeaux aux liens peu étroits. Si une querelle éclate entre eux, ils se battent à coups de ruades et de morsures.

Les ânesses mettent bas un ânon après une gestation qui dure presque un an. Après la naissance, elles se tiennent quelques jours à l'écart avec leur petit jusqu'à ce qu'il ait appris à reconnaître sa mère parmi d'autres ânesses.

Le zèbre

Les zèbres sont les chevaux sauvages rayés d'Afrique. Il en existe trois espèces avec plusieurs sous-espèces.
Le zèbre de Grévy vit en tout petit nombre dans le nord-est de l'Afrique. Sa fourrure a des rayures beaucoup plus fines que celles des autres zèbres, ses oreilles sont plus grandes. Il mesure jusqu'à 1,60 m de hauteur et pèse plus de 400 kg.
Le zèbre de montagne sud-africain existe en deux sous-espèces. Après que le zèbre du Cap ait été éliminé à l'exception de 25 individus, il a été placé sous stricte protection naturelle. Aujourd'hui, sa population s'élève à nouveau à 1 500 têtes environ. Il ne reste également qu'une dizaine de milliers d'individus de la deuxième sous-espèce, le zèbre de montagne de Hartmann.

Aujourd'hui, l'espèce la plus répandue est le zèbre des steppes, dont il existe encore cinq sous-espèces. Ces dernières, ainsi que chaque zèbre pris à part, ont toujours des dessins différents sur leur fourrure.

Le zèbre des steppes s'active tôt le matin. Il quitte immédiatement son lieu de repos et se rend dans les prairies herbeuses pour y manger des herbes et des plantes. Entre-temps, il recherche un point d'eau.

Les zèbres des steppes cohabitent dans de grands troupeaux. Environ six juments et leurs petits, ainsi qu'un étalon âgé, forment un groupe familial.

Quand l'étalon a atteint un certain âge (seize à dix-huit ans), il laisse volontairement sa place à un animal plus jeune qui doit être âgé d'au moins six ans.

Le zèbre (zèbre des steppes)
Aires géographiques : **Afrique orientale et australe**
Espace vital : **Savane et zone herbeuse**

Même quand plusieurs groupes familiaux coexistent dans un troupeau, les animaux se différencient d'un groupe à un autre par leurs rayures différentes, mais aussi leur odeur et leur cri.

Après une gestation d'environ un an, les juments mettent au monde un poulain avec lequel elles se séparent du troupeau pour quelques jours. Quand il a appris à reconnaître sa mère, ils retournent vers les autres animaux.

Le tapir

Les tapirs sont des périssodactyles. Ce sont des animaux craintifs qui habitent la forêt vierge et qui évitent les étendues à découvert.

Ils mesurent environ 1 m et présentent, de par leur museau allongé qui resemble à une trompe, une similitude avec les sangliers. Leur corps est pataud, Robustes, leurs pieds ont quatre orteils à l'avant et trois à l'arrière.

Les tapirs recherchent principalement leur nourriture de nuit. Ils se déplacent le plus souvent seuls et non en hardes. Ils mangent alors des feuilles d'arbres et des fruits tombés à terre. Quelquefois, ils se rabattent sur les vergers et s'y rassasient sans vergogne. Ils ne dédaignent pas non plus les plantes des marécages et les plantes aquatiques. Bons nageurs, on les voit souvent dans l'eau.

En Asie du Sud-Est, on trouve une espèce particulière de tapir, le tapir à chabraque. La fourrure de cet animal est d'une remarquable couleur noire et blanche. Sa partie antérieure et ses pattes sont noires, son postérieur est gris blanc. En Amérique latine et centrale, il existe 4 espèces. Elles sont de couleur gris à brun foncé.

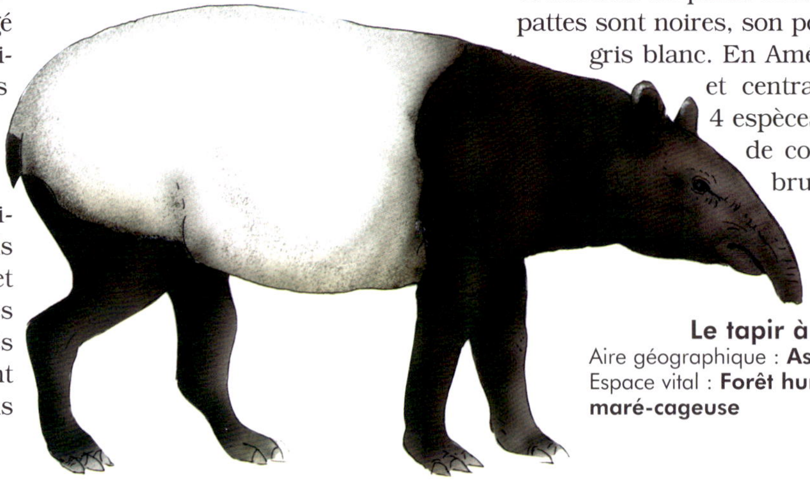

Le tapir à chabraque
Aire géographique : **Asie du Sud-Est**
Espace vital : **Forêt humide et maré-cageuse**

Le rhinocéros

Les rhinocéros sont des périssodactyles Ils sont apparentés aux chevaux. Sur le dos de leur museau, ces puissants pachydermes ont une ou deux cornes situées l'une derrière l'autre, qui tombent et repoussent.

En Asie, d'étranges médicaments sont fabriqués à partir de leurs cornes. C'est la raison pour laquelle ces animaux y ont quasiment disparu. Il existe des pratiques similaires en Afrique.

On trouve les rhinocéros dans les régions très humides. Ils se débarrassent des moustiques et des taons qui les importunent en se roulant dans la boue.

Ils se recouvrent souvent d'une épaisse couche de boue en creusant des trous avec leurs cornes et en s'y enfonçant complètement. Ils font alors entendre des grognements en signe de plaisir.

De nuit, les rhinocéros se rendent dans les prairies et les forêts avoisinants. Ils écrasent alors toutes les branches minces, les branchages et les buissons avec leur corps puissant, si bien que l'on peut trouver de véritables couloirs de rhinocéros. Ils se nourrissent de toutes sortes de feuilles, de fruits et d'herbes.

En règle générale, les rhinocéros femelles mettent bas un petit qu'elles allaitent le plus souvent durant un an.

Par la suite, elles le gardent encore deux à trois ans auprès d'elles. La plus grande espèce de rhinocéros d'Asie est le rhinocéros à cuirasse. Il atteint 4,2 m et avec les nombreuses bosselures de sa peau, il donne l'impression d'être blindé.

Vivant en Afrique, le rhinocéros à tête large est le deuxième plus grand mammifère terrestre après l'éléphant. Il mesure deux mètres de haut et jusqu'à cinq mètres de long.

Le rhinocéros à tête pointue, aussi appelé rhinocéros noir, vit également en Afrique et atteint jusqu'à trois mètres et demi de long. Au contraire du rhinocéros à tête large, il vit le plus souvent seul, les femelles étant les seules à demeurer vivre avec leurs petits.

Le rhinocéros noir

Le rhinocéros à tête large

Aire géographique : **Afrique de l'Est**
Espace vital : **Savane et zones riches en eau**

Les rhinocéros aiment vivre en famille. Ils s'occupent et allaitent leurs petits pendant deux ans environ. Les jeunes rhinocéros grandissent très vite. À un an, ils mesurent déjà 2 m de long et 1 m au garrot. Ils appartiennent aux espèces gravement menacées de disparition car ils sont encore victimes d'un braconnage cruel qui ne vise que leurs cornes, censées contenir des produits aux qualités particulières. On rencontre ces animaux encore dans quelques régions peu étendues au sud du Sahara, en Afrique de l'Est ainsi qu'au Népal, au Pakistan et en Inde.

Les ongulés

CHAPITRE 8

Les ongulés, également appelés artiodactyles, sont des mammifères représentés dans le monde entier par plus de 160 espèces. Trois sous-ordres font partie de cet ordre : les digitigrades, les ruminants et les non-ruminants. Les premiers artiodactyles existaient déjà il y a 50 millions d'années.

La caractéristique des ongulés réside dans le fait qu'à chaque patte, ils possèdent deux ongles (cerfs, bovins, girafes, moutons, chèvres) ou quatre (porcs, hippopotames) rangés par paires. La plupart du temps, ces animaux portent, à l'extrémité de leurs membres, une masse cornée appelée sabot, qu'ils appuient sur le sol pour marcher.

Les ruminants

La caractéristique des ruminants est leur estomac : il se compose de trois à quatre éléments, la panse, le bonnet, le feuillet et la caillette. La nourriture, difficile à digérer, est avalée rapidement. La nourriture est prédigérée à l'aide de bactéries dans l'intérieur de l'estomac puis régurgitée en petites portions par la suite, lentement mâchée et avalée de nouveau. Le bœuf est un exemple de ruminant.

Les non-ruminants

Les non-ruminants ont un estomac simple. Ils mâchent leur nourriture avec leurs dents puissantes. Le porc et l'hippopotame font partie des non-ruminants.

Les digitigrades

Chez les digitigrades, qui existaient autrefois en de nombreuses espèces, on ne compte plus aujourd'hui que la famille des camélidés. Au contraire des artiodactyles, les digitigrades ne courent pas sur la plante des pieds, mais sur leurs deux derniers doigts. Une surface plantaire flexible constituée de gros durillons s'y est formée.

Le daim
Aires géographiques: **Europe, Asie mineure**
Espace de vie: **Zone semi-forestière**

Le chevreuil
Aires géographiques : **Europe, Asie mineure**
Espace de vie: **Zone semi-forestière**

Cerf de Virginie
Aire géographique:
zone tempérée d'Amérique
Espaces de vie :
forêt, marais, brousse

La famille des cervidés

Les cervidés sont des ongulés ruminants porteurs de bois. Ils ont un corps élancé et gracieux.

Leur tête, qui se rétrécit jusqu'au museau, repose sur un cou puissant. Les pattes sont relativement hautes. Leurs pieds se terminent par des sabots pointus.

Ces herbivores ont pour caractéristique particulière des bois qui, le plus souvent, n'existent que chez les mâles. Il s'agit de ramifications osseuses partant de l'os frontal.

Six à hui mois après la naissance d'un cerf, une excroissance osseuse qui perdure toute sa vie pousse sur l'os frontal. C'est ce qu'on appelle la « meule ». Les bois s'y forment. Au début, il y a seulement de chaque côté une perche (merrain) pointue qui, peu à peu, se ramifie. Il peut se former jusqu'à douze de ces excroissances. Les bois tombent à la fin de l'hiver ou au début du printemps et repoussent durant l'été.

Les bois servent d'arme au mâle lors des combats avec ses rivaux pour la domination de territoires et des biches. Durant la période d'accouplement, de nombreux cerfs lancent des cris sonores, ils brament.

Ils veulent ainsi en imposer à leurs femelles et à leurs rivaux. Dans la famille des cervidés, on trouve entre autres le caribou, l'élan, le renne et les véritables cerfs.

Cerf rouge

Aires géographiques :
Europe de l'Ouest, Afrique du Nord-Ouest, Asie jusqu'à l'Ouest de la Chine, Nord-Ouest de l'Amérique du Nord, Nouvelle-Zélande

Espaces de vie :
parc naturel, zone de montagne, plaine, marais d'altitude

Le pied du cerf (squelette)

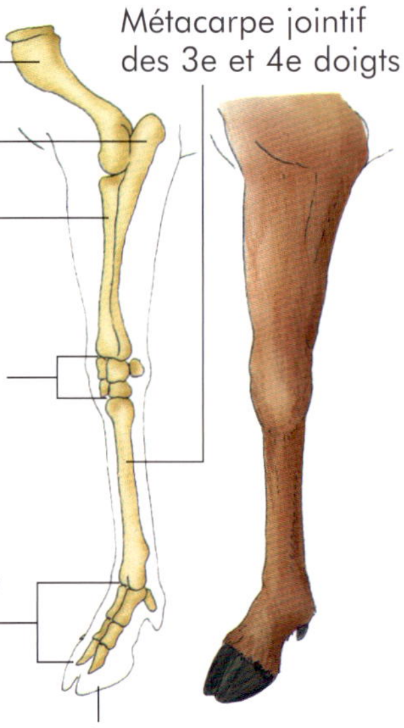

L'élan

Le plus grand de tous les cervidés est l'élan. Un élan adulte mesure de 2,40 m à 3,10 m de long, plus de 2 m de haut et pèse jusqu'à 800 kg.

L'élan est facile à reconnaître par son large museau surplombé largement par une lèvre supérieure et le grand appendice qu'il porte au cou.

Les bois puissants en forme de pelles de l'élan mâle présentent de nombreuses ramifications. Ils pèsent déjà, à eux seuls, environ 20 kg.

L'élan a de longs poils épais, avec une longue crinière sur la nuque, qui se poursuit sur la poitrine et dans le cou. La couleur de sa peau est roux brun, plus sombre sur la tête et la crinière.

Durant la période des amours, les mâles tentent d'attirer les femelles, plus petites et dépourvues de bois, par un cri sourd. Ils opposent une résistance farouche quand des rivaux se manifestent à proximité.

Après l'accouplement, huit mois s'écoulent avant que l'élan femelle mette bas un petit (exceptionnellement deux). Le faon est allaité durant six mois, ensuite, il peut lui aussi manger des plantes. En tout, un petit reste un an auprès de sa mère.

À l'exception de la période des accouplements, l'élan est un animal solitaire et ne vit pas en groupe comme les autres cervidés. L'été, il se nourrit principalement de plantes aquatiques et de feuilles. L'hiver, il mange des plantes ligneuses (arbustes).

Les élans vivent dans tous les pays d'Europe du Nord, de la Scandinavie à la Sibérie, ainsi qu'en Alaska, au Canada et dans le nord des États-Unis. Ils y habitent des régions forestières et lacustres.

L'élan
Aires géographiques : **Europe du Nord, Scandinavie, Canada, Alaska**
Espaces de vie : **forêt de conifères bordant rivièrs ou lac**

Le renne Aires géographiques : **Dans toutes les contrées septentrionales de l'hémiphère Nord**
Espaces de vie : **Toundra et zone forestière septentrionale**

Le renne

Le renne ou caribou est la seule espèce de cervidé dont les deux sexes portent des bois de même forme. La corne inférieure, c'est-à-dire la base des bois, possède plusieurs ramifications. Les bois des femelles sont toutefois de plus petite taille.

Le corps d'un renne présente des lignes lourdes. Il mesure entre 1,2 et 2,2 m de longueur. La queue est courte, mesurant de 10 à 20 cm, les pattes sont courtes.

Selon l'espèce, la couleur des poils est noire, brune, grise ou blanche. Les rennes mâles adultes vivent seuls, les mères et les petits forment des hardes.

En été, ils se nourrissent principalement d'herbes et d'autres plantes de la toundra. En hiver, ils recherchent mousse et lichens. Pour cela, ils doivent souvent gratter la neige avec leurs sabots.

Pour les peuples de pasteurs nomades nordiques (Lapons), le renne apprivoisé est l'animal domestique le plus important. Il leur assure la nourriture (lait, fromage et viande) et l'habillement (os et fourrure). En outre, le renne est également utilisé comme bête de somme et attelé à un traîneau.

Les rennes sauvages, qui, en général, sont de constitution un peu plus fine, parcourent, à l'automne et au printemps, d'immenses trajets en troupeau. Avant l'hiver, ils se retirent vers le sud et au printemps, ils repartent vers le nord.

À l'automne, les rennes mâles se disputent les faveurs des femelles. 240 jours après l'accouplement, une femelle donne naissance à un petit, parfois deux.

On trouve les rennes en Europe du Nord et en Asie, ainsi qu'au Canada, au Groenland et en Alaska.

Aire géographique :
Afrique orientale et australe
Espace de vie : **plaine ouverte, prairie**

Aire géographique : **Afrique du Sud**
Espace de vie : **milieu ouvert et plaine sans arbre**

Aire géographique :
Sud-Est de l'Arabie saoudite
Espace de vie : **désert**

Bœuf (anatomie)

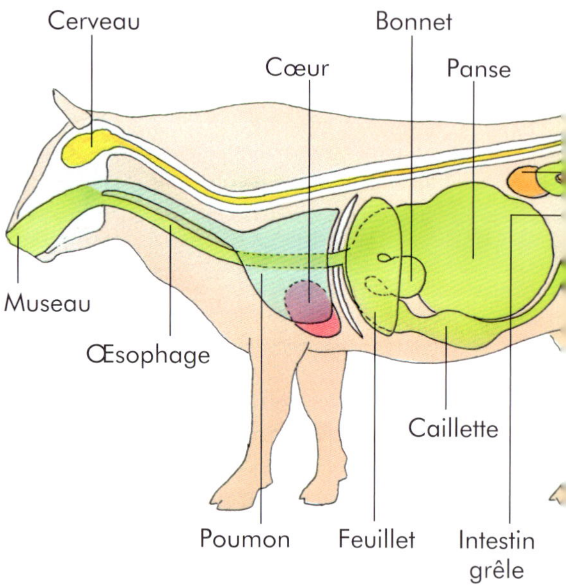

Les bêtes à cornes

Les bêtes à cornes forment un groupe d'ongulés très large, qui comprend de nombreuses espèces. Il se compose en tout de 123 espèces dont les plus connues sont, sous les latitudes européennes, le bœuf, le mouton, la chèvre. Cependant, le gnou, l'antilope et le buffle qui vivent en Afrique font également partie des bêtes à cornes.

Cette famille est certainement apparue en Eurasie et parvenue de là en Amérique du Nord. On en trouve aussi une grande diversité en Afrique. En Amérique du Sud, il n'y en a pas.

L'estomac en quatre parties et la rumination qui en découle, est l'une des caractéristiques des bêtes à cornes. La première partie de l'estomac reçoit de la nourriture grossièrement mâchée qui est envoyée en petites quantités dans le bonnet.

L'animal procède à une première digestion et la nourriture, désormais transformée en boulettes, est régurgitée dans la bouche où elle est ensuite entièrement mâchée. Pour finir, elle arrive, une fois à nouveau avalée, dans le feuillet puis, de là, dans la caillette.

Chez les bêtes à cornes, les femelles et les mâles ont le plus souvent des cornes creuses.

D'habitude, celles des femelles sont plus petites. Selon l'espèce, elles sont de formes différentes et servent d'armes dans les combats entre rivaux.

Une autre caractéristique des bêtes à cornes réside dans le fait qu'elles ont toutes, aux pattes avant et arrière, seulement le troisième et le quatrième orteil transformés en sabots fendus.

Les bêtes à cornes ruminantes vivent le plus souvent pacifiquement en groupes et mangent exclusivement des plantes telles que des herbes, des feuilles, des racines, etc.

Le bœuf

Depuis des millénaires, le bœuf est l'animal domestique le plus utile à l'homme car il lui fournit de la viande, du lait et du cuir. Déjà à l'âge de pierre, les hommes chassaient ses ancêtres, l'aurochs (urus) et le bison. Alors que le bison existe encore, l'urus lui a disparu depuis 300 ans.

Le comportement des bovidés rappelle fortement celui de leurs ancêtres. Les vaches qui pâturent vivent de façon sociale dans des troupeaux où règne une solide hiérarchie. Un certain animal occupe une position spéciale en tant que chef du troupeau. Les autres le suivent dans un ordre bien déterminé. Les vaches de rang plus élevé assument également la direction lors du retour à l'étable et à la mangeoire. Elles ont le droit de manger les premières et de repousser d'autres vaches.

La communication de ces animaux s'effectue par des meuglements, des grognements et des hurlements. Dotés d'une bonne mémoire, ils reconnaissent également le chemin menant au pré et ils obéissent à l'appel de l'éleveur.

Le corps d'un bœuf est massif. Sa longue queue, terminée par une touffe de poils, repousse les mouches, et les taons, éternels importuns.

Le bœuf est une bête à cornes. Chaque corne est formée d'une sorte de gaine cornée qui entoure le cône de l'os frontal. Elle est utilisée comme arme. Le bœuf femelle, la vache, est plus paisible que le mâle (le taureau). Ce dernier peut devenir dangereux pour l'homme quand, furieux, il se jette sur lui.

Le bœuf n'utilise pour marcher que les deux grands orteils qui correspondent à nos troisième et quatrième orteils. C'est aussi un ongulé. Il ne se

Le bœuf (squelette)

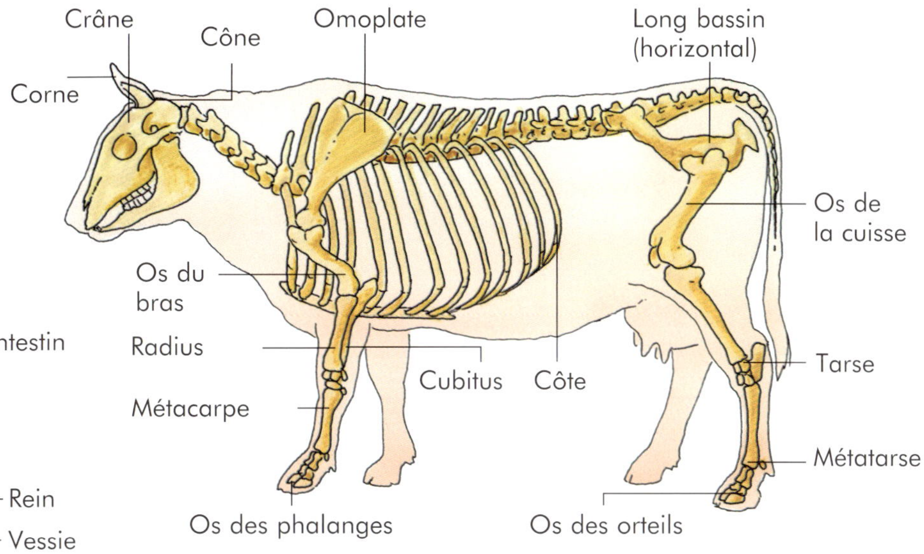

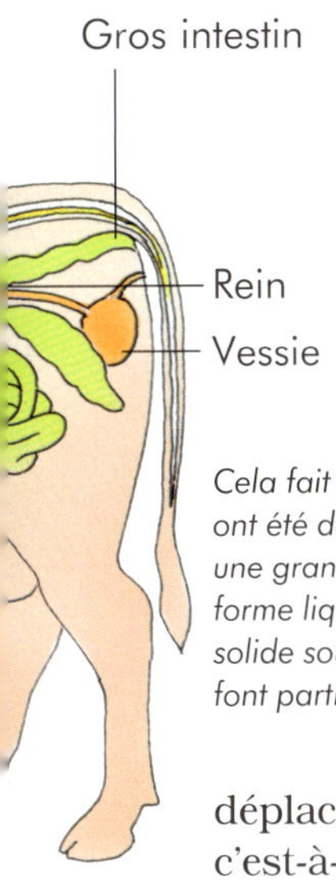

Cela fait plus de six millénaires que les bovidés ont été domestiqués et fournissent aux hommes une grande partie de leur alimentation sous forme liquide, le lait et ses produits dérivés, et solide sous la forme de la viande. Les bovidés font partie du paysage d'Europe occidentale.

déplace que sur la pointe des pieds, c'est-à-dire avec la dernière phalange, recouverte d'un sabot. C'est ainsi que, comme tous les animaux à sabots, le bœuf est un artiodactyle. Outre ses deux puissants orteils principaux, il en a deux autres, atrophiés, qui ne touchent pas le sol.

La nourriture du bœuf est purement végétale. Il se nourrit de plantes vertes comme le trèfle et l'herbe. En outre, cet animal mange du foin, de la paille et des betteraves. Là où c'est possible, le bœuf cherche lui-même son herbe dans les prés, il arrache les touffes d'herbes en les enroulant avec sa langue rugueuse et les porte à sa bouche.

Pour arracher l'herbe, huit grandes dents de devant, situées sur la mâchoire inférieure, poussent la touffe contre le bout cartilagineux de la mâchoire supérieure. La nourriture est grossièrement émiettée par les molaires situées plus en arrière grâce aux mouvements latéraux de la mâchoire inférieure puis avalée.

La digestion d'une nourriture à base de plantes ne peut s'effectuer que si elle est finement écrasée. C'est pourquoi le bœuf rumine. Pour cela, il se couche le plus souvent confortablement à terre. Lors du broutage, les végétaux grossiers arrivent d'abord dans un estomac antérieur, la panse (100 l de contenance). Un processus de fermentation et de ramollissement s'y effectue des heures durant.

Peu à peu, des petites quantités de nourriture arrivent dans la deuxième partie de l'estomac, le bonnet. De là, les morceaux de nourriture sont régurgités. Ils sont alors longuement mâchés en utilisant une grande quantité de salive. Ensuite, la nourriture, avalée de nouveau, arrive, via la panse et le bonnet, dans la troisième partie de l'estomac, le feuillet. Le liquide en est extrait, le reste arrive dans la caillette (dernière partie), qui constitue l'estomac de digestion proprement dit. C'est ainsi que s'effectue sa dissolution par les sucs digestifs. Finalement, les nutriments arrivent dans l'intestin, où le pancréas, la bile et les sucs intestinaux font le reste.

En règle générale, un petit veau naît une fois par an. Comme tous les mammifères, sa mère l'allaite grâce à son pis, qui contient de vastes glandes mammaires et dont le veau peut téter les trayons.

Grâce aux progrès sans cesse réalisés dans le domaine de l'élevage, une vache produit aujourd'hui largement plus de 3 000 litres de lait par an. Pour les êtres humains, c'est un aliment qui, outre l'eau, possède des substances de grande valeur nutritive (protéines, lactose, graisse) indispensables à la croissance.

Aires géographiques : **Afrique australe et orientale**
Espaces de vie : **savane et forêt**

Aire géographique : **Afrique sub-saharienne**
Espace de vie : **À proximité de l'eau**

Aire géographique : **Monde entier**
Espaces de vie : **Alpage, pré et steppe**

L'antilope

Dans la famille des antilopes, qui fait partie des bêtes à cornes ruminantes, on trouve des animaux très différents dont la taille varie de celle d'un lièvre à celle d'un bœuf.

Par exemple, l'antilope vit dans les prairies herbeuses d'Afrique, au sud du Sahara. Elle y mange de préférence les jeunes pousses dès que celles-ci apparaissent. On la voit souvent brouter en compagnie d'autres espèces, des zèbres ou des gazelles. Chaque fois qu'elle le peut, elle prend des bains de boue.

Dès qu'elles en ont l'occasion, les antilopes boivent beaucoup, mais peuvent également se passer longtemps d'eau sans problème. Lécher le sel fait partie de leurs activités préférées.

Les antilopes ont un pelage de couleur brun clair ou brun foncé. Les mâles et les femelles ont des cornes sur leur crâne étroit. La taille et la forme des cornes sont variables.

L'antilope

Aire géographqiue : **Afrique**
Espace de vie : **Steppe, plaines herbeuses et brousse**

Le plus souvent, les antilopes vivent dans des troupeaux comprenant jusqu'à quarante individus. Ces derniers se composent toujours des femelles, de leurs petits et d'un chef mâle qui garde le troupeau.

Les jeunes mâles forment leurs propres troupeaux.

Après une gestation de huit mois, un petit vient au monde. Il reste environ trois ans auprès de sa mère avant d'être accueilli dans un troupeau séparé.

Le mouton

Le mouton domestique
Aire géographique : **Monde entier**
Espace de vie : **prés et pâturage**

Les moutons se distinguent des chèvres par leur front plat et leurs cornes anguleuses enroulées en forme d'escargot. En plus, ils n'ont pas de barbe.

Les moutons sauvages vivent dans les montagnes de l'hémisphère nord, où chaque région a sa propre espèce. Ils sont originaires d'Asie et leur territoire s'est depuis étendu jusqu'en Europe du Sud, en Afrique et en Amérique du Nord.

Le mouton à manchette est un mouton sauvage qui vit en Afrique. Il se différencie des autres espèces de mouton par une longue barbe qui se trouve sur sa poitrine et sur son cou et pousse également sur les pattes avant.

Il vit dans des régions rocheuses et sèches et se nourrit d'herbes, de plantes, de branches et de feuilles. Il compense le manque d'eau en mangeant ces végétaux et en léchant la rosée matinale.

En cas de danger, les moutons à manchette n'ont que peu de solutions de repli. Ils sont cependant bien camouflés par la couleur gris jaune à jaune sable de leur pelage. S'ils s'aperçoivent de la présence d'un ennemi, ils restent complètement immobiles et ont ainsi quelque chance de rester ignorés.

Les moutons à manchette donnent naissance à un ou deux petits par an. Ces derniers partent avec les femelles, les mâles et les petits des portées antérieures.

Ce sont des animaux que l'homme chasse car leur viande et leur laine sont très appréciées. En raison de sa proche parenté avec la chèvre, le mouton à manchette est également appelé chèvre à manchette.

Les moutons d'élevage (moutons domestiques) vivent de préférence dans les plaines. On ne sait pas exactement quand il l'est devenu. Les moutons d'Europe descendent sans doute du mouflon européen.

Selon la qualité de leurs poils, ils sont répartis, pour l'élevage, en moutons poilus, à laine mixte, à laine simple et à laine pure.

Il y a cent ans, le nombre des moutons domestiques était nettement plus élevé qu'aujourd'hui, car outre de la viande et du lait, ils fournissaient aussi de la laine pour l'habillement. L'augmentation de l'usage du coton et des fibres synthétiques ainsi que la diminution du nombre des pâturages ont fait que l'élevage ovin a fortement diminué ces dernières années.

La chèvre

Diverses espèces de bêtes à cornes de taille moyenne font partie de la famille des chèvres. La plupart sont de puissants animaux au cou court. Les cornes sont tournées de façons diverses et sont souvent retroussées.
Parmi les chèvres proprement dites, on trouve les bouquetins comme, par exemple, le bouquetin des Alpes. Il vit surtout dans les Alpes suisses et italiennes, à plus de 3 000 m d'altitude. Il ne descend dans la vallée que lors des hivers très froids.

La chèvre de Bézoar
Aire géographique : **Grèce, Proche et Moyen-Orient, Caucase, Inde occ.**
Espace de vie : **Montagne, zone vallonée**

La fourrure du bouquetin est de couleur gris brun. Tous les mâles ont une petite barbiche sous le menton. Chez les animaux âgés, on trouve également une crinière sur la nuque. Les longues cornes recourbées vers l'arrière qui existent chez le mâle sont particulièrement remarquables. Elles sont plus courtes chez la femelle.

Durant la période des accouplements, en hiver, les chèvres et les boucs sont réunis. Sinon, les mâles forment leurs propres groupes avec les jeunes animaux d'âge un peu avancé. Des luttes de pouvoir y ont régulièrement lieu.

Durant l'été, ces animaux se rendent dans les prairies alpines d'altitude et y mangent les plantes pleines de sève et les herbes. C'est aussi durant cette période que les petits sont mis bas après une période de gestation de six mois.

Le bison

Le bison, qui fait partie de la famille des bêtes à cornes vivait autrefois en très grand nombre en Amérique du Nord. Au début du XVIIIe siècle, on estimait ses effectifs à plus de soixante millions de têtes. Le bison fournissait aux Amérindiens vivant sur place de la viande et la laine destinée à l'habillement et à la construction des tentes. Afin d'éliminer ces autochtones, les immigrants européens ont effectué des campagnes d'anéantissement du bison si bien qu'en 1889, on a recensé à peine un peu plus de 800 têtes. Le bison a été alors été placés sous protection juste avant qu'il ne disparaisse. Actuellement, de vingt à trente milliers de bisons environ vivent à nouveau dans les réserves aux États-Unis et au Canada.

Au garrot, la taille de ces superbes animaux est environ de 2,9 m. Leur épais pelage, de couleur noir brun, leur donne un aspect très massif. Les femelles sont un peu plus petites. Le pelage des jeunes animaux est à l'origine roux brun. Les mâles et les femelles ont des cornes courtes, mais pointues.

Les bisons vivent en troupeaux de la taille d'un groupe familial, comprenant jusqu'à mille individus. Ils mangent, surtout le matin et le soir, les herbes de la prairie et des forêts. Dans la journée, ils se reposent et ruminent. Ils aiment alors se rouler dans la boue ou le sable. Ils se débarrassent ainsi des insectes importuns qu'ils ont toujours sur leur corps.

La chèvre des montagnes
Aire géographique : **Amérique du Nord**
Espace de vie : **Zone rocheuse au delà de la limite supérieure des forêts**

Avant l'accouplement, les bisons se disputent la faveur des femelles. Après une gestation de neuf mois, un veau naît à l'écart du troupeau. Quelques heures après la naissance, le petit peut retourner dans le troupeau avec sa mère.

Le bison
Aire géographique : **Amérique du Nord**
Espace de vie : **Différentes zones forestières et prairie**

Les digitigrades

Les digitigrades sont des ongulés dont il existait autrefois une grande diversité d'espèces (surtout en Amérique du Nord). Aujourd'hui, il ne reste plus que les camélidés, dont font partie le dromadaire, le chameau, le lama et le guanaco.

Au contraire des autres ongulés, ces animaux ne marchent pas sur la pointe des orteils, mais sur les deux derniers orteils. Une surface plantaire flexible composée d'une épaisse masse cornée (durillon) s'y est développée.

Le guanaco
Aire géographique : **Amérique du Sud**
Espace de vie : **Zone semi-désertique**

Le dromadaire

Le chameau à une bosse ou dromadaire est la bête de transport et de somme des habitants du désert. Il est certainement déjà domestiqué depuis plus de 6 000 ans. On le nomme aussi le « vaisseau du désert ».

Cet animal, qui fait partie des digitigrades, atteint une hauteur au garrot de 2,3 m et est capable de porter des charges allant jusqu'à 800 kg. Outre le dromadaire de somme, de robuste constitution, il existe des dromadaires de voyage, dotés de longues pattes, qui peuvent parcourir jusqu'à 140 km dans la journée.

Ces deux espèces ont un pelage court et hirsute qui est un peu plus long sur le tronc, sur la nuque et le cou. Ils se nourrissent des plantes et des herbes du désert. Avec cette nourriture médiocre, un dromadaire ne peut survivre durant ses parcours harassants que parce qu'il a constitué une réserve de nourriture dans la bosse de graisse située sur son dos.

Si, pendant quelques jours, l'animal ne mange que très peu, cette bosse diminue. Même en cas de très fortes chaleurs, le dromadaire peut subsister plusieurs jours voire des semaines sans eau. En revanche, il boit plus de 100 l d'eau à la fois lorsque l'occasion se présente. En absorbant cette quantité d'eau, il peut survivre longtemps car sa température corporelle peut augmenter jusqu'à environ 40 ° C. Ainsi, il ne transpire ni ne se déshydrate.

Le dromadaire dispose de sens bien développés. Il peut reconnaître une oasis à distance. Quand une tempête de sable s'annonce, il le remarque plus tôt que l'homme et accélère ses pas pour trouver un endroit où s'abriter.

Le dromadaire qui, tout comme la girafe marche l'amble, a des pieds dotés de deux orteils, avec une large surface plantaire. Il peut ainsi marcher sans peine dans le sable sec du désert sans s'y enfoncer. Comme il est protégé par une épaisse masse cornée, la grande chaleur du sable du désert et les arêtes pointues des rochers ne lui posent aucun problème non plus.

Le dromadaire
Aires géographiques : **Afrique du Nord, Moyen-Orient**
Espaces de vie: **Désert, steppe semi-désertique**

Le chameau
Aire géographique : **Asie centrale et orientale**
Espaces de vie: **Désert et steppe**

Le chameau

Le dromadaire à deux bosses ou chameau prend, dans de grandes parties de l'Asie mineure et de l'Asie orientale, la place du dromadaire. Il vit aussi bien dans les régions chaudes que dans les régions froides.

Une caractéristique particulière du chameau est constituée par ses deux bosses. Ces dernières remplissent la fonction de garde-manger, car elles contiennent de la graisse qui servira en cas de manque de nourriture.

En outre, on remarque son épais pelage, long et hirsute. Il protège les bêtes dans le froid hivernal. L'été, il disparaît par touffes si bien que l'animal semble avoir été tondu.

Les chameaux atteignent jusqu'à trois mètres de long. Leur queue mesure environ 50 cm. Ils se déplacent en marchant l'amble, une démarche qui les caractérise, ce qui signifie qu'il avance ses pattes avant et arrière du même côté en même temps. La nourriture des chameaux se compose essentiellement de feuilles qu'ils arrachent aux arbres et aux arbrisseaux avec leurs longues incisives.

Les chamelles mettent toujours bas un seul petit après une gestation de douze à treize mois.

La famille des girafes

La famille des girafes, qui fait partie des ruminants, comprenait autrefois de nombreuses espèces différentes. Aujourd'hui, il n'existe plus que deux espèces, à savoir la girafe, répandue en Afrique au sud du désert du Sahara, et l'okapi, qui vit

dans les forêts tropicales du Congo.

La girafe a un cou très long et atteint jusqu'à six mètres de hauteur. En revanche, l'okapi, plus petit, ne mesure que deux mètres de haut.

Ces deux animaux portent sur le front les cornes tronquées caractéristiques des girafes. Recouvertes de peau, ces cornes ne tombent pas.

Leur pelage est clair ou foncé, selon la région d'origine, avec des tâches plus foncées. Certaines espèces ne présentent pas la moindre tâche. La queue de la girafe, qui peut atteindre un mètre environ, se termine par une extrémité touffue.

Les girafes vivent le plus souvent en petits groupes de six à dix individus, parfois en troupeaux plus importants. Chaque groupe est constitué de femelles et de girafons, menés par un mâle dominant.

Leur nourriture principale se compose de feuilles, de bourgeons et de fruits qu'elles cueillent au sommet des arbres. Boire est une activité très difficile pour la girafe. Comme leurs pattes avant sont encore plus longues que leur cou, elles doivent les écarter très largement pour pouvoir s'abreuver. Les girafes se nourrissent de préférence le matin et le soir. À midi et la nuit, la girafe se repose et dort, allongée ou debout.

La femelle met bas au bout d'une période de gestation de 400 à 460 jours. Les naissances ont lieu presque toujours au lever du soleil et les girafons sont allaités un an. À la naissance, ce dernier mesure déjà 1,5 m mais il ne devient adulte qu'à dix ans seulement.

La girafe, femelle **(anatomie)**

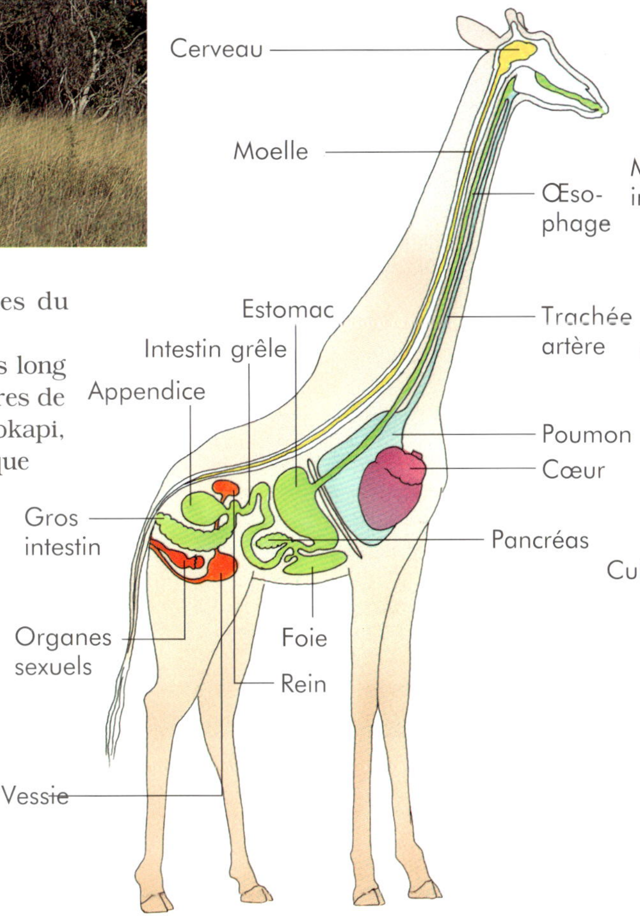

La girafe (squelette)

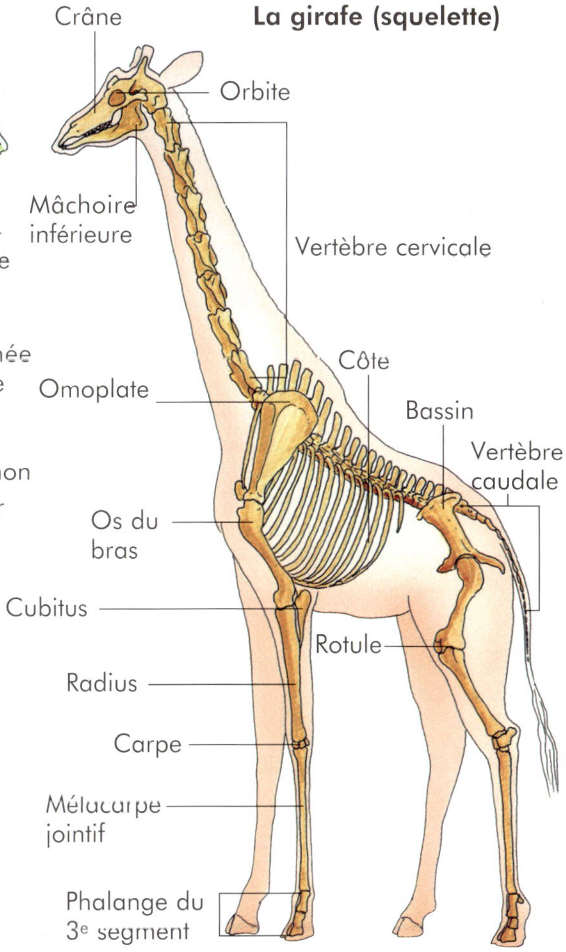

La famille des suidés

Dans la famille des suidés, qui fait partie des ongulés, on compte huit espèces qui vivent en Afrique, en Asie et en Europe. On les trouve dans les forêts, dans les marécages et dans les sous-bois.

Les suidés présentent un tronc trapu avec une tête allongée qui se termine par un museau mobile dont le bout est aplati. Avec ce museau sensible, ils fouillent le sol à la recherche de nourriture. Chez la plupart des espèces, les canines supérieures, appelées défenses, dépassent de la gueule. Elles sont utilisées lors des combats entre rivaux et peuvent causer de graves blessures.

Les suidés sont omnivores. Ils mangent des racines, des herbes, des champignons, mais aussi des insectes, des vers, des souris et autres petits rongeurs, voire même de la charogne.

Dans la famille des suidés, on trouve, entre autres, le sanglier et le phacochère. Le porc domestique, une espèce bien spéciale, en fait également partie.

Le sanglier

Aires domestiques : **Europe, Asie centrale et méridionale, Australie et Amérique**
Espace de vie : **Forêt touffue de feuillus et d'essences mélangées**

Le porc domestique

Le porc domestique, qui fait partie des ongulés, est élevé en Chine depuis déjà 4 900 av. J.-C. Ainsi que l'ont démontré des études, il y aurait également eu en Europe, à cette époque, deux espèces différentes.

Les origines de notre porc domestique remontent au sanglier. Cependant, au fil des élevages, il a perdu son pelage rêche et sombre et s'est aussi par ailleurs transformé.

La tête s'est raccourcie tout en devenant plus haute, les oreilles sont devenues pendantes et la longue queue touffue s'est transformée en une petite queue en tire-bouchon. L'ensemble du corps est devenu plus massif car son épaisse couche de viande et de graisse fait du porc, l'animal domestique le plus précieux pour nous.

Les courtes pattes des porcs sont, par leur constitution, très semblables à celles du bœuf, ce qui signifie que cet animal est un artiodactyle. Les deuxième et cinquième orteils sont particulièrement développés et s'écartent l'un de l'autre quand le porc marche sur un sol bourbeux et instable. Les petits orteils secondaires sont alors également en contact avec le sol et le porc ne s'enfonce pas dans la boue.

C'est dans un grand enclos, que les porcs sont le plus à leur aise. Ils peuvent s'y rouler dans la boue. Après séchage, ils aiment se frotter contre des écorces d'arbres ou des piquets de bois. Autrefois, on sortait les porcs de la porcherie pour les conduire dans les forêts, où ils fouillaient le sol avec leur groin allongé pour rechercher des glands ou des racines, mais aussi des escargots et des vers, voire même des charognes, car ce sont des omnivores. En raison de leurs excellents appareils olfactif et tactile, situés à l'extrémité dénudée de leur groin, ils repéraient facilement de la nourriture.

La dentition des porcs s'est adaptée à leur alimentation variée. En haut et en bas, on trouve toujours six incisives implantées quasiment à l'horizontale, formant ainsi une pince avec laquelle le porc peut même saisir de petits morceaux. Plus en arrière se trouvent d'abord quatre molaires pointues puis trois molaires épatées. Les premières appartiennent aux prédateurs, les autres aux herbivores, si bien que le porc peut mastiquer de la viande et des végétaux avec une efficacité analogue.

Le porc domestique est nourri avec les restes de la cuisine des humains.

Le porc domestique
Aires géographiques : **Europe, Amérique, Asie**
Espaces de vie: **Forêt, bosquet et sous-bois**

Le phacochère

Le phacochère, qui vit en Afrique, est sans doute l'espèce de suidés la plus maladroite et la plus laide. Il a un corps cylindrique au dos incliné vers l'arrière, recouvert d'un épais pelage de soies rêches. Il possède une crinière sur la nuque et le dos, quelquefois aussi des favoris blanchâtres. Sa queue, qui mesure jusqu'à 50 cm, se termine par une touffe de poils.

Sur les côtés de son corps se trouvent d'étranges verrues cutanées qui lui ont valu son nom dans certaines langues. Sa mâchoire comprend de chaque côté, de fortes défenses qui se sont développées à partir des incisives.

Pendant toute la journée du matin au soir, le phacochère se déplace à la recherche de sa nourriture. Il mange alors, outre de l'herbe et des fruits, des pommes de pin et des racines qu'il extrait du sol avec ses défenses, surtout en période de grande sécheresse. Durant la nuit et aux heures les plus chaudes de la journée, il se retire dans des terriers et se repose.

Les phacochères se roulent volontiers dans l'eau, c'est pourquoi le territoire qu'ils partagent avec plusieurs groupes familiaux, doit se trouver à proximité d'un point d'eau. Celui-ci sert en même temps d'abreuvoir pour les animaux.

En règle générale, l'accouplement a lieu durant la saison des pluies. Au bout d'environ 170 jours naissent de deux à quatre marcassins qui, par la suite, sont allaités durant une période d'environ quatre mois.

Le phacochère

Aire géographique : **Afrique du Sud**
Espaces de vie : **savane et steppe avec point d'eau**

L'hippopotame

L'hippopotame peuple les zones bien arrosées dAfrique centrale. Avec son corps massif, qui mesure environ 4 m de long, il peut peser jusqu'à 3 t.

Il se distingue surtout par la forme presque carrée de son corps lourd et son crâne massif. Ses yeux et ses oreilles sont de petite taille mais ses narines sont grandes et fendues.

L'hippopotame possède une grande gueule aux canines impressionnantes mesurant jusqu'à 70 cm de long et pesant chacune jusqu'à 4 kg. Elles lui servent surtout à effrayer ses adversaires lorsqu'il ouvre sa gueule et lance un rugissement effrayant.

Lors des combats pour la direction du groupe ou l'accès aux meilleures places sur les berges des points d'eau, les hippopotames en rivalité se précipitent l'un sur l'autre et se portent des coups avec leurs canines d'un mouvement latéral de la tête.

Les hippopotames vivent en groupes d'une quinzaine d'individus sous la direction d'un mâle. Excellents nageurs, leurs pieds qui terminent leurs courtes pattes sont munis de palmures entre les orteils. Ils passent la majeure partie de la journée dans l'eau où ils plongent à la recherche d'algues et autres plantes aquatiques. Ils peuvent rester jusqu'à six minutes d'affilée en apnée.

Pour respirer, l'hippopotame se contente de laisser dépasser seulement ses narines, ses yeux et ses oreilles de la surface de l'eau.

Outre les plantes aquatiques, les hippopotames se nourrissent également de végétaux et de fruits qu'ils trouvent sur la terre ferme.

L'accouplement des hippopotames se déroule sous l'eau, de même que la naissance de leurs petits après une gestation de 230 à 240 jours.

Lorsqu'ils somnolent au soleil ou dans l'eau, les hippopotames servent également de base de nourriture à des petits oiseaux de la famille des étourneaux et des hérons gardebœufs qui débarrassent leur peau presque imberbe des sangsues, tiques et autres parasites.

L'hippopotame
Aire géographique : **Afrique subsaharienne**
Espaces de vie : **Fleuve, lac**

CHAPITRE 9

Les proboscidiens

Les proboscidiens sont actuellement les plus grands animaux terrestres. Autrefois, ces animaux étaient répandus sur toute la Terre en de nombreuses espèces dont le mammouth, disparu depuis longtemps. Aujourd'hui, il n'existe plus que trois espèces, à savoir les éléphants d'Inde et d'Afrique et l'éléphant des forêts.

Avec une hauteur de 4 m au garrot et un poids de 6 000 kg, ce sont les plus grands animaux terrestres. Ils ont de grosses pattes en forme de colonnes, avec une large surface plantaire, formée d'une épaisse masse cornée.

Ils se caractérisent par une tête volumineuse pourvue de pavillons géants, la transformation des incisives supérieures en défenses et l'allongement du nez et de la lèvre supérieure pour former une trompe. Cette dernière a plusieurs fonctions distinctes. Avec ce que l'on appelle le doigt de la trompe, elle devient un organe de préhension. En outre, avec sa trompe sensible, l'éléphant peut boire, manger et sentir. Il peut également l'utiliser comme arme. Selon son espèce, la trompe de l'éléphant est dotée d'un « doigt » (l'éléphant d'Afrique) ou de deux « doigts » (l'éléphant d'Inde).

Les éléphants sont herbivores et vivent en troupeaux dans la savane, la steppe et les étendues forestières. Ils peuvent vivre une soixantaine d'années.

L'éléphant d'Inde

Avec l'éléphant d'Afrique et l'éléphant des forêts, l'éléphant d'Inde appartient à la famille des proboscidiens. Avec un corps long de 5,5 à 6 m, il atteint à peu près 3 m de haut et pèse environ 5 000 kg.

Le territoire des éléphants d'Inde est situé en Inde, en Asie du Sud-Est, à Sumatra et à Sri Lanka. Dans la steppe herbeuse et les forêts de ces régions, ils se nourrissent d'herbes, de feuilles et d'autres végétaux.

Comparé à l'éléphant d'Afrique, l'éléphant d'Inde présente des pavillons d'oreille et des défenses plus petits. Il n'utilise ces dernières que lorsqu'il est attaqué. Les femelles sont en général plus petites que les mâles

Un troupeau d'éléphants se compose d'une vieille éléphante qui en est le chef, de plusieurs femelles accompagnées de leurs petits et d'un vieux mâle. D'autres tribus d'éléphants vivent à proximité du troupeau.

Durant la phase d'accouplement, les éléphants sécrètent, à partir de

L'éléphant d'Asie (squelette)

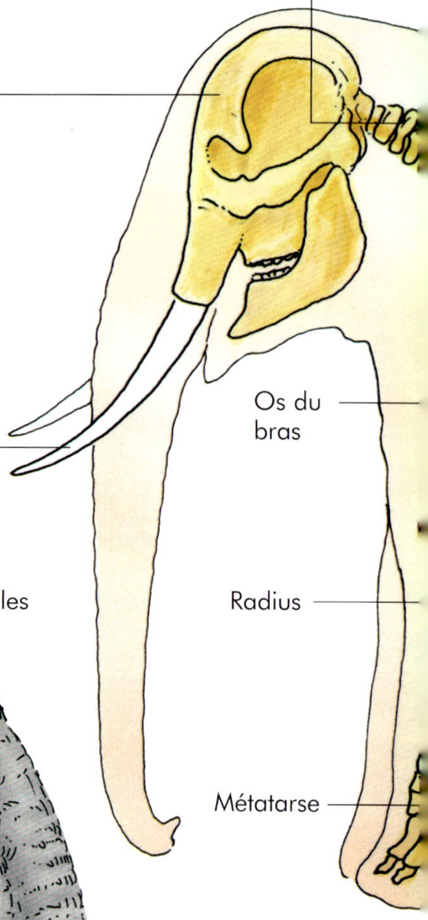

L'éléphant d'Inde
Aires géographiques : **Asie du Sud-Est, Inde**
Espaces vitalux : **Steppe herbeuse et forêt**

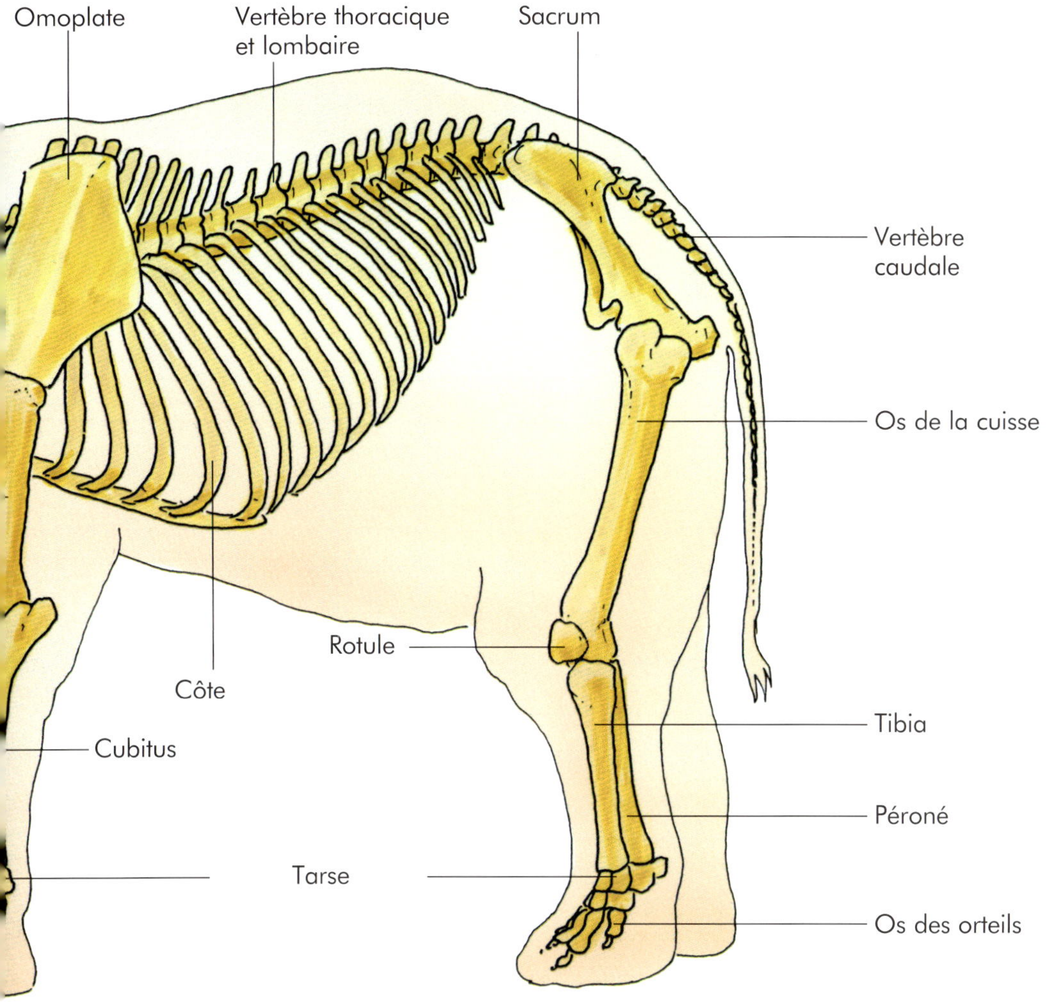

glandes se trouvant sur le côté de la tête, un liquide dégageant une forte odeur. Pendant toute cette période de temps, ces animaux sont imprévisibles et agressifs. Après une durée de gestation de 21 mois, l'éléphante met un petit au monde. Celui-ci est allaité durant deux ans, mais reste ensuite encore longtemps auprès de sa mère. À la différence de son cousin d'Afrique, l'éléphant d'Inde a été domestiqué pour servir de bête de somme. Sa force est très apprécié dans les régions de montagne où on l'emploie dans les travaux de manutention forestière. Ses éléphants sont dirigés par ce que l'on appelle des « mahouts ».

On utilise l'éléphant comme bête de somme depuis plus de 4 000 ans. Certains chefs de guerre leur ont même trouvé une utilisation militaire, comme le général carthaginois Hannibal, qui en 218 av. J.-C., a traversé les Alpes, pour lutter contre Rome avec des éléphants.

Comme les éléphants ne se reproduisent que rarement en captivité, on capture des éléphanteaux sauvages. Ils sont alors formés à leur future activité à partir de quatorze ans et employés pour les travaux difficiles à partir de 25 ans.

L'éléphant d'Inde femelle (anatomie)

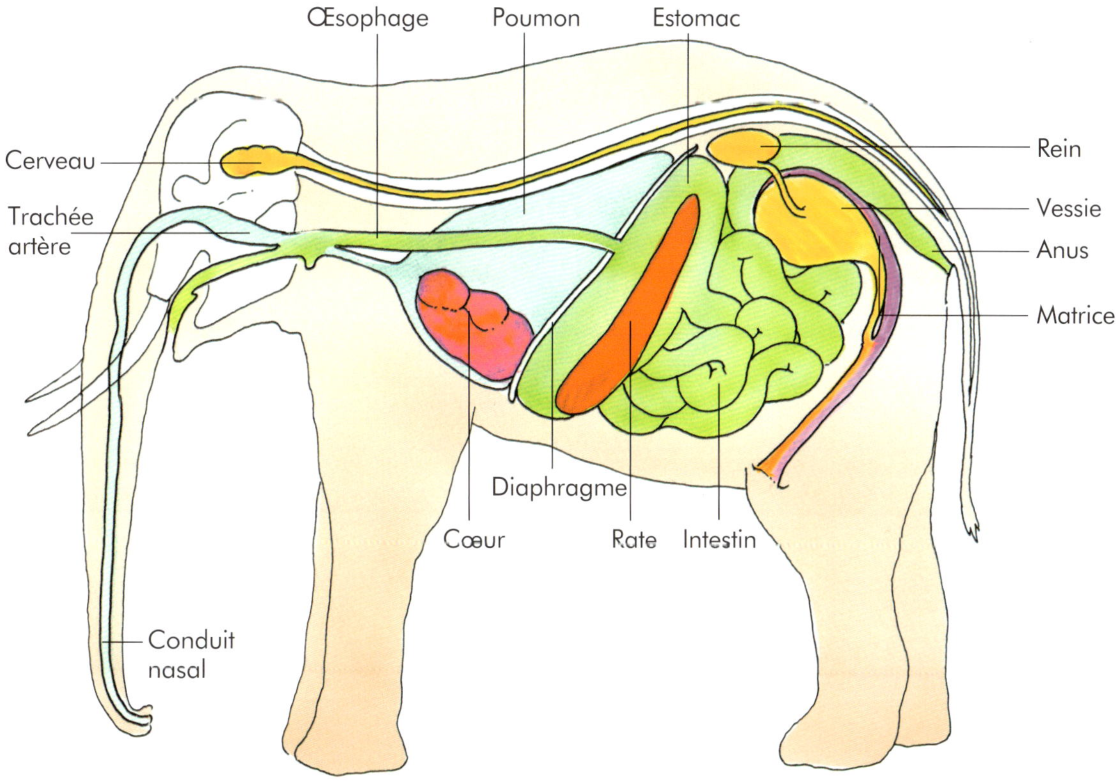

Les éléphants marchent sur la pointe de leurs orteils. L'élé-phant d'Inde en possède cinq sur les pattes avant et quatre sur les pattes arrière. L'éléphant d'Afrique a un orteil de moins à chaque patte. Chaque orteil est écarté et est doté d'un coussin élastique constitué de graisse et de fibres élastiques sur lesquelles reposent les os. De l'extérieur, on ne voit qu'un pied rond et mou et une sorte d'ongle, à l'extrémité de l'orteil. Les os sont ainsi bien protégés et le poids de l'animal se répartit sur une surface plus importante. Grâce à cela et leur coussin de graisse, ces animaux très lourds se déplacent avec souplesse et en silence.

L'éléphant d'Afrique

L'éléphant d'Afrique est l'animal terrestre le plus puissant vivant sur notre planète. Il vit en Afrique, au sud du Sahara. Il écume les forêts et la savane en se nourrissant de feuilles, de branches, de fruits et de racines.

Un éléphant mange 300 kg environ par jour et a besoin de plus de 100 litres d'eau. Il utilise sa trompe pour porter nourriture et eau à sa bouche.

Les éléphants mâles de 6 à 7,5 m de long et 4 m de haut, pèsent environ 7 500 kg.

Les pavillons d'oreille et les défenses des éléphants d'Afrique sont plus grands que ceux d'Inde. Les femelles sont en général plus petites, leurs défenses plus courtes.

Les éléphants d'Afrique forment eux aussi des troupeaux qui se composent surtout de femelles et de petits. Ces troupeaux sont constitué de groupes séparés. Suite à un accouplement réussi, l'éléphante met au monde, après une durée de gestation de 22 mois, un petit dans une cachette préalablement rembourrée. Elle est, pour cela, assistée par d'autres éléphantes. Le petit est allaité pendant deux ans et reste encore quelques années auprès de sa mère. Une éléphante ne met bas que tous les deux à quatre ans environ.

Outre la trompe, ce sont surtout les gigantesques pavillons de ses oreilles qui caractérisent l'espèce africaine. Avec plus d'1,5 m de diamètre, ils lui servent moins à entendre qu'à ventiler son crâne sous le soleil africain. De plus, les zoologues leur attribuent une fonction de communication optique. L'éléphant, en revanche, possède une mauvaise vue, en raison de la petite taille de ses yeux. En outre, la faible mobilité de sa tête réduit d'autant son champ de vision, malgré le positionnement latéral de ses yeux.

Vers la trentaine ou la quarantaine, les éléphants mâles atteignent, avec un corps long de 6 à 7,5 m et haut de 4 m, un poids de 7 500 kg.

Les éléphants femelles possèdent elles aussi des défenses, comme les mâles, même si elles sont souvent de plus petite taille que celles de ces derniers. Profondément enracinées dans le crâne de l'animal, elles atteignent jusqu'à 3,5 m de long. Du reste de la dentition des mammifères, seule la première molaire est utilisée pour broyer les végétaux. Lorsqu'elle est usée, elle est remplacée par la seconde molaire, située juste derrière et qui prend la place de la première. Quand toutes ses molaires ont disparu, l'éléphant meurt de faim car il devient incapable de s'alimenter.

Cela paraît incroyable, mais ces colosses terrestres marchent de façon silencieuse et très rapide pour leur poids. S'élançant à toute vitesse, lors d'une attaque, ils peuvent courir à 40 km/h.

La trompe est un peu à l'éléphant ce que la main est à l'homme. Sa mobilité spectaculaire est assurée grâce à un ensemble de muscles disposés tout autour du conduit nasal. La trompe est dépourvue d'os. Sa longueur ne lui permet pas seulement de transporter l'eau ou la nourriture du sol vers la bouche mais également lui sert à inspecter la bouche du partenaire.

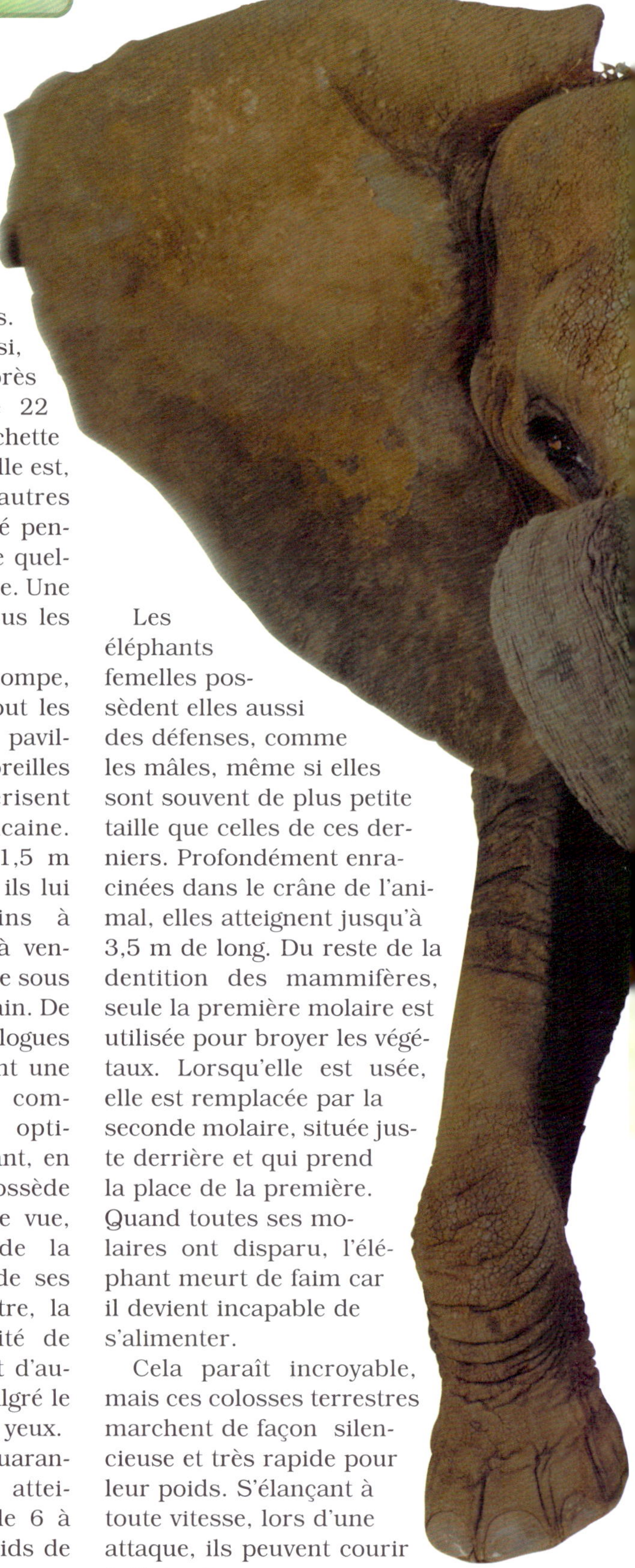

En revanche, ils sont incapables de sauter, de sorte qu'ils sont contraints de traverser les fossés pour les franchir ou de suivre les berges jusqu'à un gué. Toutefois, l'éléphant d'Afrique est capable de traverser fleuves et lacs à la nage. L'eau les aide à supporter leur poids.

Il vit de préférence en troupeaux. Il s'agit le plus souvent de larges familles où tous les membres sont liés par des liens de parentés. Le commandement est toujours assuré par la femelle la plus âgée à laquelle obéissent les autres femelles et les jeunes. Quelques mâles accompagnent parfois ces groupes. D'autres vivent seuls ou en groupes à part.

L'éléphant d'Afrique
Aire géographique :
Afrique subsaharienne
Espaces vitaux : **Forêt et savane**

L'éléphanteau atteint sa maturité sexuelle vers l'âge de 15 ou 16 ans. Durant la saison des amours, le couple quitte le troupeau et la maman éléphant met bas au bout d'une période de gestation de 22 mois, le plus souvent dans un endroit abrité et rembourré. Le nouveau-né est en mesure de suivre son troupeau au bout de quelques jours seulement et sera allaité pendant cinq ans. Il trouve protection au sein de son troupeau qui se met en cercle autour de lui lorsqu'un tigre ou un lion a jeté son dévolu sur lui.

L'éléphant d'Afrique n'a pu survivre que grâce à la création de réserves naturelles, tellement la chasse à l'ivoire de ses défenses menée par les hommes a été intense. Entre-temps, les animaux se sont multipliés à une telle cadence qu'ils pénètrent à nouveau dans les territoires cultivés où on les considère désormais comme des animaux nuisibles.

L'énorme éléphant d'Afrique se distingue de son congénère d'Asie par la taille des pavillons de ses oreilles, qui sont beaucoup plus grands, et par ses défenses. À l'extrémité de sa trompe, il possède en outre deux « doigts » avec lesquels il saisit les plantes dont il se nourrit. Un éléphant d'Afrique a besoin d'environ 300 kg de végétaux par jour.

CHAPITRE 10

Les mammifères marins

Tous les mammifères marins d'aujourd'hui sont les descendants sans exception d'animaux terrestres. Les plus anciens des mammifères marins sont sans doute les baleines. Avec leur corps en forme de poisson et la transformation de leurs bras et de leurs jambes en nageoires, ils sont parfaitement adaptés à la vie dans l'eau.

Seuls les phoques, lointains parents des ours, peuvent se dandiner plus ou moins gracieusement sur leurs nageoires. Ce sont également les seuls mammifères marins qui doivent mettre leurs petits au monde sur la terre ferme. Les siréniens et les balcincs mcttcnt bas dans l'eau.

Les baleines surtout entreprennent d'importantes migrations dans les mers chaudes bien que la majorité de leur nourriture se trouve dans les eaux froides. Mais les petits baleineaux nouveaux-nés mourraient rapidement de froid dans les eaux nourricières de leurs parents.

Le fait que les mammifères marins comprennent tant des carnivores (phoques et Odoncétés) que des végétariens (Siréniens et baleines) s'explique également par leurs différentes origines.

Toutes les variétés ont toutefois en commun d'avoir dû s'adapter aux conditions de la vie marine : le poil des fourrures est souvent raréfié ou disparu car l'air situé entre les poils et faisant fonction d'isolant thermique n'existe pas dans l'eau. La protection contre la déperdition thermique est assurée par une épaisse couche de graisse qui a fait surtout des baleines des proies très recherchées par l'homme.

Le marsouin
Aires géographiques : **Asie orientale et du Sud-Est**
Espaces de vie : **Côtes, baies et fleuves**

Le grand dauphin
Aires géographiques : **Toutes les mers du globe à l'exception des régions polaires**
Espace de vie : **Eaux littorales**

Le dauphin
Aires géographiques : **Toutes les mers du globe à l'exception des régions polaires**
Espace de vie : **Eaux littorales**

Les cétacés

Les cétacés sont des mammifères qui vivent exclusivement dans l'eau. Ils ont une forme similaire à celle des poissons. Selon les espèces, leur taille varie de 1 m à 33 m. Leur poids varie de 25 à 140 t.

Les cétacés ne respirent pas par des branchies, mais par des poumons. Ils ont le sang chaud et possèdent un cerveau et un système nerveux bien développés. Leurs petits sont mis au monde vivants et vont être allaités.

Les membres antérieurs des cétacés se présentent sous la forme d'ailerons, les membres postérieurs sont atrophiés. Pour se déplacer, ils utilisent un aileron caudal qui se meut à l'horizontale. Ce mode de propulsion les distingue également des poissons. Il leur permet de plonger et d'émerger lors de la capture de leurs proies à diverses profondeurs marines.

Les cétacés ont un corps massif dépourvu de poils qui, extérieurement, ne présente aucune rupture de ligne et se termine sans aucune démarcation par une grande tête. C'est là que se trouve une bouche sans lèvres qui contient soit de nombreuses dents (denticètes) soit des fanons (cétacés à fanons), c'est-à-dire des organes cornés. Les os ont une structure spongieuse. Sous la peau, on trouve souvent une forte couche de graisse. Elle sert d'isolation thermique. Les yeux des cétacés sont très petits, ils n'ont pas de paupières intérieures. L'oreille externe n'existe pas non plus. Le nez, dont l'ouverture la plus haute se trouve tout à fait en haut du crâne, sert à expirer, produisant des geysers. Le nez débouche directement dans le larynx via la narine. À partir de là, il existe une liaison avec une large trachée-artère qui se termine par un grand poumon. En émergeant, le cétacé expire l'air consommé à travers cet orifice nasal, phénomène qui devient visible grâce à des geysers de plusieurs mètres de haut. Les cétacés, lorsqu'ils nagent inspirent et expirent à peu près toutes les minutes et demies, mais certains cétacés demeurent sous l'eau plus d'une heure.

Les cétacés sont d'excellents nageurs et plongeurs. Ils peuvent plonger jusqu'à 2 000 m de profondeur, tel le cachalot. L'odorat et l'ouïe sont des sens bien développés. Les cétacés peuvent communiquer entre eux grâce à de nombreux sons émis dans la gamme des ultrasons. Un repérage des rochers sous-marins ou des bancs de poissons s'effectue également grâce aux ultrasons.

La taille comparative des baleines

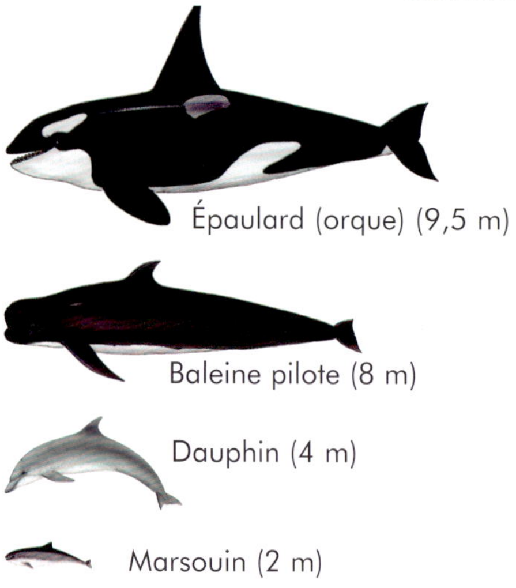

Le dauphin

La famille des dauphins comprend en tout 32 espèces que l'on trouve dans tous les océans et dans les rivières tropicales, et qui font partie des cétacés (denticètes). Ce sont des mammifères respirant non grâce à des branchies mais grâce à leurs poumons et qui vivent en permanence dans l'eau.

Avec leur corps aux formes aérodynamiques et leur museau en forme de bec, le dauphin fait partie des plus petits cétacés. Quelques membres de cette famille ont un tout autre aspect, ils sont beaucoup plus grands : il s'agit de l'épaulard (orque) ainsi que du globicéphale.

Les dauphins nagent vite. Ils trouvent le plus souvent leur nourriture, qui se compose de poissons, de crabes, de seiches, etc. tout près de la surface de l'eau. Ils remontent alors à la surface plusieurs fois par minute pour respirer.

Les dauphins peuvent se repérer dans l'eau à l'aide d'ultrasons. Ces derniers réfléchissent la présence d'obstacles, mais aussi celle d'éventuelles proies.

Le grand marsouin est un des dauphins les plus connus car il vit dans tous les océans de la Terre (régions polaires exceptées).

Les dauphins sont des animaux très intelligents qui vivent dans tous les océans et dans certains fleuves tropicaux. En raison de leur sens aigu de la communauté, ils viennent également en aide à leurs congénères blessés. Lorsqu'un dauphin est blessé par une hélice de bateau et coule au fond de la mer, il risque d'étouffer s'il ne parvient pas rapidement à la surface pour respirer. De la même manière, les jeunes dauphins nouveaux-nés qui doivent prendre leur première respiration et les dauphins blessés sont portés par leurs congénères à la surface.

Le dauphin (squelette)

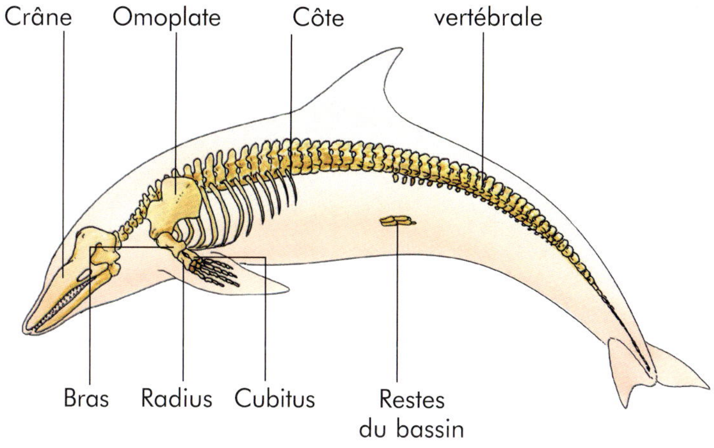

Le dauphin, mâle **(anatomie)**

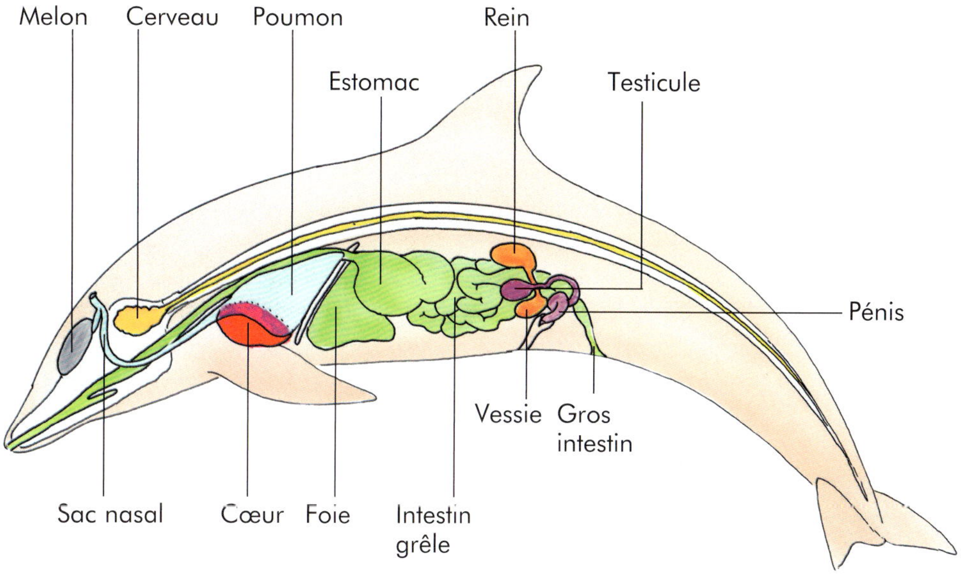

L'épaulard (orque)

L'épaulard, aussi connu sous le nom d'orque, est le plus grand de la famille des dauphins. Il vit dans les mers froides de cette Terre et préfère les eaux littorales.

Ce puissant animal aux formes aérodynamiques peut mesurer jusqu'à 9,5 m de longueur. Chez un mâle, l'aileron dorsal peut atteindre 2 m de hauteur. Chez la femelle, il est plus petit.

Les épaulards vivent dans des groupes familiaux et chassent aussi ensemble. Ils n'ont certes pas d'itinéraires fixes, mais ils parcourent de grandes distances à la recherche de nourriture.

Munis de quarante à cinquante dents tranchantes, ils poursuivent les poissons, les otaries, voire d'autres cétacés.

Afin de repérer les animaux dans les eaux troubles, les épaulards émettent des sons en guise de sonar, mais ceux-ci diffèrent fortement de ceux des autres dauphins.

L'épaulard (ou orque)

Aire géographique : **Dans les mers froides**
Espace de vie : **milieu littoral**

Le cachalot

Le cachalot

Le cachalot est le plus grand des denticètes. À elle seule, son énorme tête représente déjà un tiers de sa longueur, qui peut aller de 10 à 20 m. Sa mâchoire inférieure est très petite et largement repoussée vers l'arrière.

Les cachalots peuvent plonger à une profondeur de plus de 1 000 m. Ils ont une particularité qui leur en donne la possibilité. Une masse cireuse liquide, que l'on appelle spermaceti ou blanc de baleine, se trouve dans une cavité au-dessus de la mâchoire supérieure, qui est dépourvue de dents. Elle sert à réguler la pression dans les grandes profondeurs. Un système d'ultrasons contribue à la détection des proies dans l'obscurité et la profondeur marine. Leur nourriture principale se compose de seiches, de crabes, et d'autres animaux marins.

Au printemps, tous les cachalots se dirigent vers les pôles, en automne, ils reviennent vers l'équateur. Les femelles et les petits demeurent dans des zones tempérées.

Dans les eaux tropicales, les cachalots luttent pour des harems composés de vingt à trente femelles

Aire géographique: **Dans toutes les mers du monde**
Espace de vie : **Eaux tempérées et tropicales**

fécondes et de petits. Les cachalots mâles âgés de moins de 25 ans forment leurs propres groupes.

Après une gestation de quatorze à seize mois, les femelles mettent au monde, avec l'aide d'autres femelles, un petit qui est immédiatement conduit à la surface de l'eau par les assistantes. Il y respire pour la première fois.

La baleine bleue

La baleine bleue, qui fait partie des balénoptères (mysticètes) est le plus grand mammifère, qui ait jamais existé. On la trouve dans toutes les mers et elle mesure jusqu'à 32 m de longueur. Elle atteint aussi un poids de 150 t.

Les baleines bleues femelles sont plus grandes que les mâles.

Ces énormes animaux vivent exclusivement de petit plancton (krill). En été, ils en mangent environ 4 000 kg par jour. En automne, ils migrent en direction de l'équateur, ils ne mangent guère. C'est là que l'accouplement a lieu.

Chez les baleines bleues, la gestation dure environ de onze à douze mois, les petits naissant dans les eaux chaudes près de l'équateur. Les baleines bleues sont menacées d'extinction bien que depuis 1967, elles soient officiellement protégées.

La baleine bleue

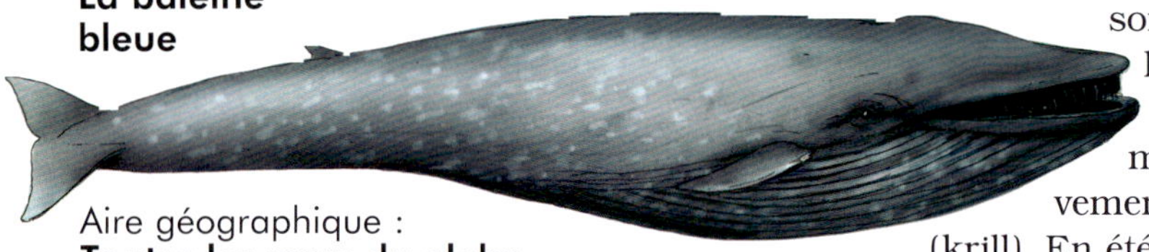

Aire géographique :
Toutes les mers du globe
Espace de vie : **Le large**

La baleine à bosse

La baleine à bosse compte elle aussi parmi les balénoptères. Elle vit dans toutes les mers du globe mais préfère passer l'été dans les eaux polaires.

La baleine à bosse chasse en groupe. Les animaux encerclent alors les bancs de poisson et autres animaux dont ils se nourrissent et les rabattent, à l'aide d'un «mur» de bulles d'air que leurs proies n'osent pas franchir. Les baleines se ruent alors, bouche ouverte dans le banc de poisson ainsi rabattu, referment la bouche en ne laissant qu'une mince fente entre les fanons qui retiennent les poissons lorsque la baleine rejette l'eau. Avec 20 m de long et un poids de plusieurs tonnes, une baleine peut ainsi avaler plusieurs bancs de poisson en une seule journée. Cette baleine a été baptisée «à bosse» parce qu'elle forme une bosse avec son dos juste avant de plonger.

Les baleines à bosse peuvent sauter jusqu'à 15 m hors de l'eau. Cela se produit le plus souvent pendant la saison des amours et lors des naissances, qui ont toujours lieu à proximité des îles ou des côtes.

Certains mâles suivent l'élue de leur cœur pendant des journées entières. D'autres tentent de séduire leur dulcinée par des chants longs et de structure complexe. On observe également des combats sanglants. La baleine à bosse a été placée sous protection naturelle depuis 1944, bien qu'elle n'ait jamais été la proie de prédilection des chasseurs de baleine. Malgré tout, la chasse à la baleine a fortement décimé sa population. Outre l'homme, la baleine à bosse n'a d'autre ennemi que l'épaulard. Actuellement, le nombre de baleines à bosse dans l'Atlantique est estimé à 11 000 individus.

La baleine à bosse
Aires géographiques : **Hémisphères Sud et Nord**
Espaces de vie : **Mers polaires et eaux tropicales**

La baleine du Groenland

La baleine du Groenland, de la famille des baleines franches (mysticètes) vit dans l'océan Arctique. Elle mesure entre 15 et 20 m de longueur.

La tête des baleines du Groenland est énorme. Vers l'arrière, le corps se rétrécit jusqu'à l'aileron caudal. Elle a des mâchoires fortement voûtées, offrant ainsi une place aux fanons, qui atteignent jusqu'à 4,5 m de long. Il s'agit des plus longs fanons qu'un mysticète puisse avoir.

La nourriture des baleines du Groenland se compose de petit krill qu'elles attrapent avec leurs fanons.

L'accouplement a lieu au printemps, de même que la naissance des petits, onze à douze mois plus tard. Ces derniers sont allaités durant un an. La baleine du Groenland fait partie des espèces menacées. Au siècle dernier, elle a été fortement pourchassée. Aujourd'hui, il n'existe plus que très peu de spécimens.

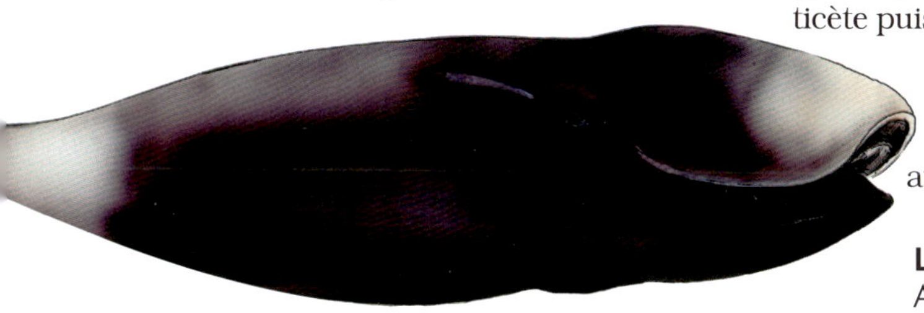

La baleine du Groenland
Aire géographique : **Mer polaire arctique**
Espace de vie : **Eaux littorales**

Le phoque du Groenland

Aire géographique : **Eaux de l'hémisphère Nord**
Espaces de vie : **icebergs et plaques de glace dans les raux arctiques et subarctiques**

Les pinnipèdes

L'otarie
Aires géographiques : **côte ouest de l'Amérique, Australie du Sud-Est**
Espace de vie : **Eaux littorales et îles**

Le seul ordre de prédateurs aquatiques est constitué par les pinnipèdes, avec trente espèces. En font partie l'éléphant de mer, l'otarie, le morse, le phoque, etc. Leur corps se distingue nettement de ceux des autres mammifères.

Le point le plus remarquable réside dans la transformation des quatre membres en de puissantes nageoires. Leur corps ressemble à un fuseau. Il est entouré d'une épaisse couche de graisse et porte un court pelage. Ces animaux sont d'excellents nageurs et se nourrissent presque exclusivement de poissons.

Étonnamment, leurs plus proches parents sont les ours. Ils ont des ancêtres communs avec ces derniers. On a découvert les plus vieux restes de pinnipèdes dans des couches terrestres vieilles d'environ 20 millions d'années.

La taille des pinnipèdes varie considérablement. Les petites espèces, longues de 120 cm, ne pèsent que 70 kg, les grandes espèces, d'une taille de 6,50 m, pèsent jusqu'à 3 500 kg.

Les pinnipèdes sont répandus dans toutes les mers du monde. On les trouve en majorité dans les eaux froides.

Bien qu'ils vivent dans l'eau, ils se rendent à terre durant la période d'accouplement et pour des bains de soleil. Cependant, ils ont beaucoup de mal à s'y déplacer. Chez quelques espèces, la démarche rappelle un peu celle d'une chenille.

En revanche, dans l'eau, ces animaux sont le plus souvent rapides et sûrs. Dans les situations dangereuses, ils poussent des cris rauques ressemblant à des aboiements ou à des bêlements.

Les pinnipèdes sont très sociables. Ils vivent en troupeaux ou dans de grandes familles. Un mâle a fréquemment jusqu'à quarante femelles en même temps.

Après l'accouplement, les femelles mettent bas, huit à dix mois plus tard, un petit, quelquefois deux, qui se développent rapidement.

Les pinnipèdes n'ont que peu d'ennemis dont le principal est toutefois l'être humain. Tous les ans, celui-ci se livre à un impitoyable massacre de phoques. Ces dernières années, leur nombre a considérable ment diminué. Les phoques sont surtout recherchés pour leurs dents et leur pelage, mais aussi leur huile et leur graisse.

Le phoque

Le phoque vit dans les eaux tempérées et subarctiques de l'Atlantique Nord et du Pacifique Nord. On peut également l'observer dans la mer du Nord et dans la mer Baltique.

Le phoque

Aires géographiques : **Atlantique Nord, Pacifique Nord**
Espaces de vie : **Eaux littorales tempérées et subarctiques**

Le phoque (squelette)

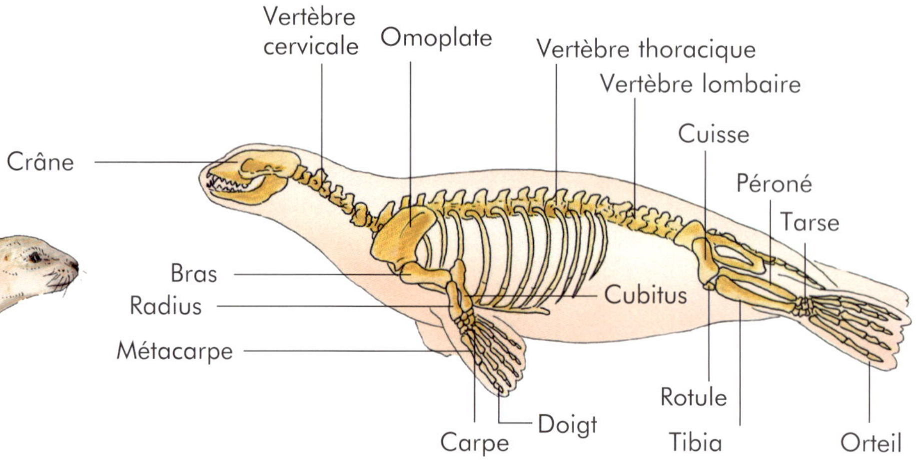

Cette espèce de pinnipède passe la plus grande partie de la journée dans l'eau. Il ne va sur la plage ou sur la glace que pour prendre un bain de soleil ou dormir.

On rencontre le plus souvent le phoque en grandes bandes et on entend de loin ses jappements rauques. Sa tête est relativement grande, avec une narine en forme de V. Son corps est trapu, avec de courtes nageoires dont les orteils sont munis de palmures. Alors que, quand l'animal nage, les pattes antérieures se collent étroitement au corps, les pattes postérieures sont allongées vers l'arrière et la plante des pieds se retourne. Grâce au repli des pieds, l'eau qui s'y infiltre est repoussée, en fait refoulée vers l'arrière. Le corps est ainsi propulsé vers l'avant.

Leur pelage lisse et enveloppant est gris avec des taches sombres. L'animal est protégé de l'eau froide par une épaisse couche de graisse. Les femelles sont plus petites que les mâles, qui mesurent jusqu'à 1,90 m de longueur.

La nourriture du phoque se compose de poissons, de crabes et de seiches. Il capture ces dernières à une profondeur de 50 m ou plus. Le plus souvent, les phoques plongent durant quatre à cinq minutes, mais ils peuvent facilement rester vingt minutes sous l'eau. Leur dentition est très semblable à celle des prédateurs terrestres.

À chaque fois que le phoque respire, ses narines en forme de crevasses s'ouvrent très largement. Quand l'animal plonge, elles se ferment de la même manière que les conduits auditifs.

Autant le phoque est très adroit dans l'eau, autant il se déplace avec peine à terre. Il ne peut s'y mouvoir qu'à la manière des pinnipèdes, c'est-à-dire qu'il tend la partie arrière du corps et rejette ensuite tout son corps vers l'avant. À terre, il constitue une proie facile pour les ours polaires.

Le morse

Le morse est un animal étrange. Il vit dans les eaux froides du Pôle Nord.

Les morses mâles mesurent jusqu'à 3,75 m et pèsent 1 500 kg. Les femelles sont un peu plus petites.

Sur cet énorme animal pataud, on remarque surtout ses défenses tournées vers le bas, qui se sont formées à partir des canines supérieures. Elles existent également chez les femelles, mais elles sont alors plus courtes et plus étroites.

Les morses ne se nourrissent pas de poissons comme les autres pinnipèdes, mais de moules. Ils détectent ces dernières avec leurs moustaches soyeuses et ultrasensibles quand ils les recherchent jusqu'à 100 m de profondeur. Ils fouillent alors le fond de la mer avec leurs défenses. En outre, ils mangent des crabes, des étoiles de mer et aussi des escargots.

On rencontre les morses en grands troupeaux. Durant la période des accouplements, ils se retrouvent sur leurs lieux de mise à bas traditionnels. Si une fécondation se produit, une nidation retardée s'ensuit, ce qui signifie que l'œuf ne s'installe dans

Le morse
Aire géographique : **Eaux arctiques et Atlantique Nord**
Espaces de vie : **Îles, côtes et banquise**

l'utérus de la mère que quatre à cinq mois plus tard. Après la gestation proprement dite, longue de onze mois, il naît un petit, rarement deux. La mère ne met donc au monde que tous les deux ans un petit qu'elle allaite ensuite durant deux ans.

Pour les Esquimaux, les morses constituent une proie précieuse. Un morse fournit une grande quantité de viande ainsi que plusieurs centaines de kilogrammes de graisse pour la nourriture et le chauffage.

La peau peut être utilisée pour les cordages des bateaux. À partir des défenses en ivoire, on fabrique des outils et des pointes de harpons, ainsi que des petites figurines qui rapportent beaucoup d'argent lorsqu'elles sont vendues aux touristes. Étant donné que l'on tue plus de morses actuellement que ne l'autorise la loi, leur existence est fortement menacée par cette chasse.

Les siréniens

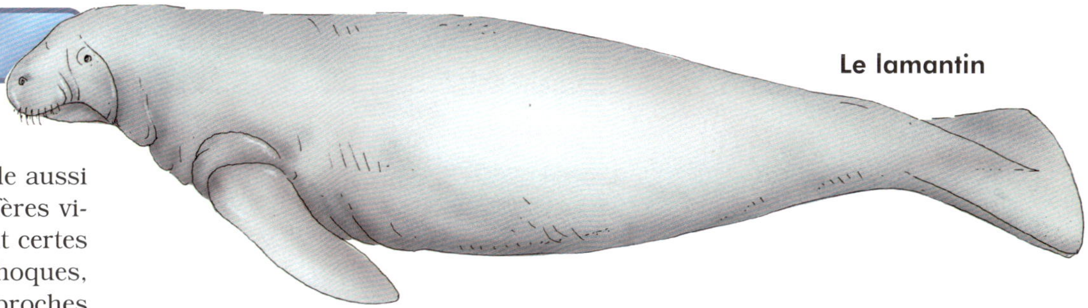

Le lamantin

Seul le lamantin vit dans la mer, dans les eaux chaudes de l'Atlantique, sur les côtes de l'Amérique. Ils atteignent une longueur de 3 m et se nourrissent surtout la nuit. Les deux autres espèces de lamantins peuplent les grands systèmes fluviaux du bassin amazonien et de l'ouest de l'Afrique.

Le lamantin (squelette)

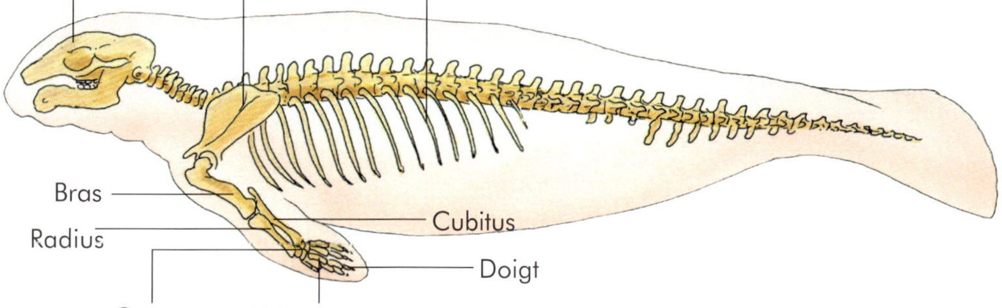

Les siréniens, que l'on appelle aussi lamantins, sont des mammifères vivant dans l'eau. Ils présentent certes des similitudes avec les phoques, mais leurs parents les plus proches sont les éléphants.

Les lamantins existent depuis 50 millions d'années environ. Aujourd'hui vivent encore quatre espèces que l'on trouve essentiellement dans les eaux tropicales et subtropicales. Ils atteignent jusqu'à 8 m de longueur.

Le lamantin (en espagnol, manati)
Aires géographiques : **Amérique centrale et du Sud et Afrique occ.**
Espace de vie : **Eaux tropicales et subtropicales**

Le corps lourd des lamantins est recouvert de peu de poils. Sur leur énorme museau, il y a de courts poils raides dans la région de la lèvre supérieure. Les membres antérieurs sont transformés en nageoires, les membres postérieurs complètement atrophiés. Au bout de la queue, on trouve un aileron plus large.

On rencontre les lamantins seuls ou en groupe. Ils se nourrissent exclusivement de plantes aquatiques.

Les petits sont mis au monde après une période de gestation de douze à quatorze mois. Selon les espèces, il s'écoule jusqu'à cinq ans avant qu'ils atteignent la maturité sexuelle.

Selon la forme de la queue, on distingue deux familles : les dugongs, lamantins à queue fourchue et les lamantins proprement dits, à queue ronde. Le dugong existe encore de nos jours. Il vit dans l'océan Indien, dans l'océan Pacifique occidental et en mer Rouge. Cet animal mesure jusqu'à 3,2 m de longueur. Les mâles de cette famille ont de petites défenses qui se sont développées à partir des incisives. Le lamantin géant, qui faisait également partie de ce groupe et qui pesait jusqu'à 4 000 kg, a été exterminé.

Les lamantins à queue ronde atteignent 4,5 m de long. Ils vivent dans les fleuves et les mers de l'Est de l'Amérique centrale et du Sud ainsi qu'en Afrique occidentale. Ils n'ont pas de défenses. Ils possèdent uniquement des molaires, qui tombent quand elles sont usées et se renouvellent.

INDEX